PREDATOR
BLOCKCHAIN

捕食区块链

李二青　盛山——编著

西北工业大学出版社
西安

【内容简介】　区块链技术影响力越来越大，人们由最初的懵懂，到逐渐发现与挖掘到了区块链背后的技术，使得区块链的应用领域越来越广泛。本书从最基本的概念入手，用通俗易懂的语言为读者解读区块链的技术原理、经济学思想、矿机产业、技术应用场景以及全球未来发展前景等，并在最后一章，将区块链常见的技术知识点进行总结，便于读者对相关概念进行查阅。

图书在版编目（CIP）数据

捕食区块链 / 李二青，盛山编著 . — 西安 : 西北工业大学出版社，2020.11（2021.1 重印）
ISBN 978-7-5612-7192-6

Ⅰ . ①捕… Ⅱ . ①李… ②盛… Ⅲ . ①区块链技术 Ⅳ . ① TP311.135.9

中国版本图书馆 CIP 数据核字（2020）第 211687 号

BUSHI QUKUAILIAN
捕 食 区 块 链

责任编辑：万灵芝　　策划编辑：李　萌
责任校对：张　潼　　装帧设计：冯　波
出版发行：西北工业大学出版社
通信地址：西安市友谊西路 127 号　　邮编：710072
电　　话：（029）88491757，88493844
网　　址：www.nwpup.com
印 刷 者：西安浩轩印务有限公司
开　　本：710 mm×1 000 mm　　1/16
印　　张：11.75
字　　数：155 千字
版　　次：2020 年 11 月第 1 版　　2021 年 1 月第 2 次印刷
定　　价：48.00 元

序

Preface

随着2020年全球经济形势大变革时期的到来，3月份全球股票市场、贵金属、外汇市场等众多金融产业进入新一轮的调整期，加密数字资产市场出现大波动。我国是全球最早研究央行数字货币的国家之一，2014年，时任央行行长的周小川便提出构建数字货币的想法，央行也成立了全球最早从事法定数字货币研发的官方机构——央行数字货币研究所，开始研究法定数字货币。2019年10月28日，在首届上海外滩金融峰会上，提出央行的数字货币是基于区块链技术做出的全新加密电子货币体系。

数字货币与区块链的关系十分密切，虽然在区块链技术产生之前就已经有数字货币的研发，但区块链技术的不断进步真正推动了数字货币的落地，以比特币为代表的数字货币就是区块链技术的产品之一。随着数字货币的推广，区块链技术已获得众多国家层面的大力关注。我国很早就决心大力发展以区块链技术为核心的高新科技产业，各地也在政策上给予支持，同时在市场的反复发酵下衍生出诸多潜在应用场景。

因此，在不断尝试突围的路上，有必要再回首，重新思考区块链的核心和本质。我们认为，“信任、价值、通证”构成了区块链的核心。一切的研究和探索，最重要的目的在于不断提升对核心和本质的认知、理解以及应用；当它们越来越清晰、答案越来越标准、被越来越多人认同，一切争吵不休的上层问题，将不辩自明。

那么，区块链究竟是什么？它背后的技术到底能为人们带来什么？本书作者从最基本的概念入手，用通俗易懂的语言为读者解读区块链的技术原理、经济学思想、矿机产业、技术应用场景、全球未来发展前景等，同时，还将区块链常见的技术知识点进行总结，便于读者对相关概念进行查阅。作者以区块链行业投资人的身份来分享观点和认知逻辑，同时提供多角度行业细分产业的细致描述，并且对最新的分布式存储在区块链中的应用也有深入而透彻的分析和推荐。本书中最值得推荐的内容是矿池产业投资生态和经济学思想两个版块，其中有详细数据对比，更有一线实际勘验体会，相信会给大家带来更直观的阅读感受。

目前，世界各国和机构正积极参与区块链的研发，区块链的技术在不断进步，我们坚信区块链技术的广泛应用一定是未来的发展趋势。目前，区块链的应用也越来越受期待，相信每个人都会对区块链充满信心。

人民视频陕西基地总监

雷 浩

2020 年 4 月

前言

Foreword

当前，区块链科技影响力越来越大，任何涉及区块链技术的企业都能迅速获得高度关注。全球主要经济体都逐渐从国家战略层面对区块链技术及未来发展给予了关注、探索与研究，包括联合国社会发展部，中国国务院、工信部和人民银行、英国政府、美国证券交易所等在内的政府、金融和监管机构都纷纷对区块链发声。在企业维度上，无论是跨国行业巨头，还是创业公司都在争相进军区块链领域，并掀起了新一轮创业、创新浪潮。

区块链技术被认为是继蒸汽机、电力、信息、互联网之后，最具有潜力触发第五次革命浪潮的核心技术。但由于区块链技术还处于起步阶段，大部分人对此可以说是一头雾水。其实，大家不必把区块链想得过于复杂，首先它是一个基于数字货币的技术，其次它是分布在全球各地、能够协同运转的数据库存储系统。

传统数据库的读写权限都掌握在一个公司或者一个集权手中，区块链技术和数据库模式的本质区别在于，任何有能力架设服务器的人都可以参与其中，这也是区块链最大的特征之一，即去中心化。区块链的主要作用就是储存信息，任何需要保存的信息，都可以写入区块链，也可以从里面读取，所以它是数据库。任何人都可以架设服务器，加入区块链网络，成为一个节点。在区块链的世界里，没有中心节点，每个节点都是平等的，都保存着整个数据库，你可以向任何一个节点写入或者从中读取数据，因为所有节点最后都会同步，保证区块链的一致性。

区块链曾经是虚拟货币（比特币）的分布式账本系统，比特币依赖其“去中心化”等理念支撑了十年的发展。如今，区块链已逐渐成为数字化金融资产的分布式账本系统，股权众筹、众筹保险、智能债券、智能合约、跨城支付等成为它的重要应用领域。互联网金融浪潮又被区块链技术提升到了新的高度，全球金融界为之激情四溢。未来，区块链将成为万物互联网的万物账本，将成为价值互联网的基础、大数据时代的支撑、分享经济的新引擎。

当前，众多学者都在挖掘区块链这一革命性的技术，试图了解区块链技术将如何重建世界。但是截至目前，区块链到底是什么，区块链可以用来做什么，区块链有着怎样的应用场景，绝大多数人依然不甚明了。笔者在这里和读者朋友们一起，从区块链的基本概念入手，通过通俗易懂的语言，揭开区块链的神秘面纱，挖掘其本质，让更多的人认识到区块链技术正在融入并改变着我们的生活。

不可否认的是，区块链虽然经历了多年的发展，但它仍处于稚嫩期，各方面的基础设施与理论基础还不是很完善，也正是这种不完善限制了区块链的大规模应用。这就需要更多的金融、科技从业者，用冷静务实的态度，专业规范的技术，使区块链的发展稳中求进，这也是整个国家的金融科技体系改革和发展的基本保证。

本书内容简洁明了，笔者以区块链行业投资人的身份来分享观点和认知逻辑，同时提供多角度行业细分产业的细致描述。在内容安排上，尽可能减少技术理论和专业术语的枯燥讲解，更多地按照多学科、跨专业、高融合来编排整理，实现好理解、能参考、有深度、留思考的目的。写作本书时曾参阅了相关文献资料，在此向其作者深表谢意。

由于水平有限，书中难免有不足之处，敬请读者批评指正。

编著者

2020 年 4 月

目 录

Contents

第 4 章　区块链应用场景分析

第 5 章　区块链的发展前景

第 6 章　区块链常见问题解读

参考文献

第1章

解析区块链

1.1 什么是区块链

区块链起源于比特币。2008 年 11 月 1 日，一位自称中本聪（Satoshi Nakamoto）的人发表了“比特币：一种点对点的电子现金系统”（简称“比特币白皮书”）一文，阐述了基于 P2P 网络技术、加密技术、时间戳技术、区块链技术等的电子现金系统的构架理念，这标志着比特币的诞生。两个月后，区块链技术从理论步入实践，2009 年 1 月 3 日第一个序号为 0 的创世区块诞生。2009 年 1 月 9 日出现序号为 1 的区块，并与序号为 0 的创世区块相连接形成了链，标志着区块链的诞生。

比特币白皮书英文原版其实并未出现 blockchain 一词，而是使用的 chain of blocks。最早的比特币白皮书中文翻译版中，将 chain of blocks 翻译成了区块链。这是“区块链”一词最早的出现时间。近年来，世界范围内对比特币的态度起起落落，但作为比特币底层技术之一的区块链技术却日益受到重视。在比特币形成过程中，区块是一个一个的存储单元，记录了一定时间内各个区块节点全部的交流信息。各个区块之间通过随机散列（也称哈希算法）实现链接，后一个区块包含前一个区块的哈希值。随着信息交流的扩大，一个区块与一个区块相继接续，形成的结果就叫区块链。

中本聪在创造比特币的过程中发明了区块链技术，区块链是源自比特币的底层技术。那么，他为什么要创造比特币？他想解决什么难题？

现在，比特币常被称为一种“加密数字货币”，人们通常很关注其中的“货币”二字。其实，比特币并不具备现在各国法定货币的特征，它只是一种数字形式的特殊商品。比特币现在的市场价格和暴涨暴跌也影响着人们对它的看法，人们把它类比为黄金、郁金香等各种投资、投机标的。

但如果回到中本聪创造它的时刻，我们会看到，比特币的出现是源于技术极客想解决的一个技术难题：“在数字世界中，如何创造一种具有现金特性的事物？”“比特币：一种点对点的电子现金系统”这个标题体现出了中本聪想解决的难题：他想创造在数字世界中可用的电子现金，它可以点对点也就是个人对个人交易，交易中不需要任何中介参与。也就是说，一个人可以把现金纸币给另一个人，不需要经过诸如银行、支付机构、见证人等中介机构。但由于数字文件是可复制的，复制出来的电子文件是一模一样的，因而在数字世界中，我们不能简单地用一个数字文件作为代表价值的事物。同时，我们在支付机构中有多少钱，并没有像一张张钞票一样的数字文件可以代表，“钱”仅是中心化数据库中的记录。

在物理世界中，当一个人要把现金转给另一个人时，必须要有中介机构的参与。比如，我们通过支付宝转账的过程是：支付宝在一个人的账户记录里减掉一定金额，在另一个人的账户记录中增加一定金额。在数字世界中，如何创建一个无须中介或者说去中心化的数字现金，一直是一个难题。由于数字文件可以完美复制，如果没有一个中心化数据库做记录，那如何避免一个人把一笔钱花两次？这就是所谓的双重支付（或双花）问题（double spending）。在比特币出现之前，我们熟悉的主要电子现金系统（如 PayPal、支付宝等）都是依靠中心化数据库来避免双花问题，这些可信第三方中介不可或缺，如图 1-1 所示。

但在另一条道路，即去中介或去中心化的电子现金这条路径上，有很多技术极客一直在做着各种尝试，只是一直未能获得最终的成功。到了2008年，中本聪借鉴和综合前人的成果，特别是现在常被统称为密码朋克（cypherpunk）的群体的成果，改进之前各类中心化和去中心化的电子现金，加上自己的独特创新，创造了比特币这个点对点电子现金系统，在无须中介的情况下解决了双花问题。

图1-1 比特币是点对点的现金，无须任何中介

特别地，比特币这个电子现金系统是同时去中介化和去中心化的：

（1）个人与个人之间的电子现金无须可信第三方中介的介入，这是去中介化。

（2）这个电子现金的货币发行也不需要一个中心化机构，而是由代码与社区共识完成，这是去中心化。

要注意的是，这个"电子现金"中的"现金"指的并非货币，它只是在解决难题的过程中被借用来在数字世界中代表价值的说法。这样说是为了便于理解，在现实中，最常见的代表价值的事物是现金。

最初，比特币这个用以表示价值的电子现金并没有价格。比特币系统只是在逻辑上可行的系统，是解决了一个难题的技术玩具。2010年5月22日，在一个网络论坛上，有一个程序员用 1 万枚比特币换了两张棒约翰比萨的代金券，比特币第一次有了一个公允价格：1 万枚比特币价格为 25 美元。为了纪念这一天，每年的 5 月 22 日便成了区块链世界的一个节日——比特币比萨节。

比特币虽然从来都不是货币，但逐渐地有了价值与价格。比特币的价格在自由市场交易中被确定，又持续、反复地大幅波动。但是，不管是从早期的 1 132 美元跌掉一半，还是在 2017 年年底快速上涨到接近 2 万美元，又在几个月内跌到只有三分之一，比特币系统和它底层的区块链技术都始终保持稳定。

中本聪设计和编码实现的比特币电子现金系统至今已运转十多年。比特币系统已经从一个技术玩具变成一个运转得近乎完美的系统，并且看起来还将长期稳定地运转下去。

从科技层面来看，区块链涉及多个领域，包括数学、密码学、互联网和计算机编程等多个学科。从应用层面来看，简单来说，区块链是一个分布式的共享账本和数据库，具有去中心化、不可篡改、全程留痕、可以追溯、集体维护、公开透明等特点。这些特点保证了区块链的“诚实”与“透明”，为区块链创造信任奠定基础。而区块链丰富的应用场景，基本上都基于区块链能够解决信息不对称问题，实现多个主体之间的协作信任与一致行动。

现在让我们从不同的角度给区块链下一个定义。

区块链的第一种定义（比较通俗）：

比特币：一种加密数字货币；区块链：一种基础技术。

区块链是一种源自于“比特币”的底层技术。换句话说，比特币是区块链技术的第一个大获成功的应用，如图 1-2 所示。

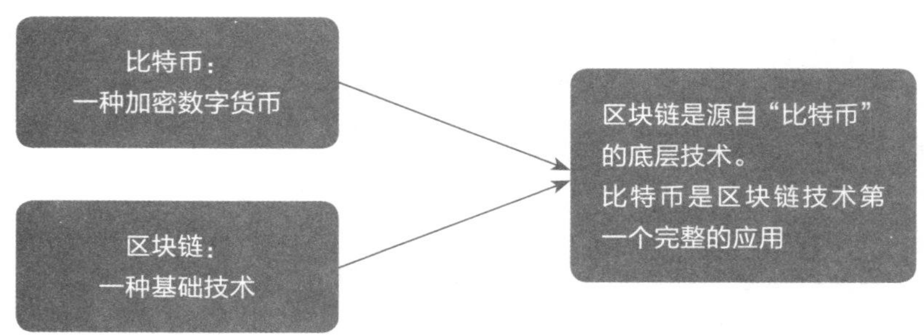

图 1-2 区块链的第一种定义

区块链的第二种定义：

区块链是数字世界中进行“价值表示”和“价值转移”的技术。区块链硬币一面是表示价值的加密数字货币或通证，另一面是进行价值转移的分布式账本与去中心网络。分布式账本与去中心网络也常被称为“链”，它可被视为一个软件平台；而表示价值的通证常被称为“币”。通证存储在链上，通过链上的代码（主要形式的智能合约）来管理，它是可编程的，如图 1-3 所示。

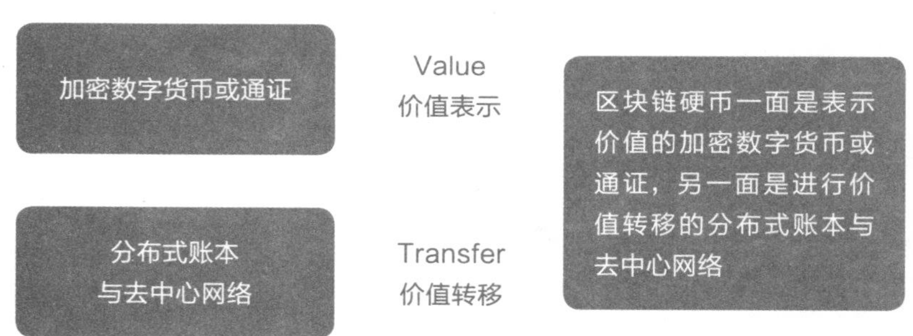

图 1-3 区块链的第二种定义

1.2 区块链发展过程的六个阶段

区块链是由一系列技术实现的、全新的、去中心化经济组织模式，2009年诞生于比特币系统，2017年成为全球经济热点，但区块链的成功应用寥寥无几，这个新兴产业还远未成熟。为方便理解区块链的历史与趋势，可将其发展划分为六个阶段。

1. 技术实验阶段（2007—2009年）

化名中本聪的比特币创始人从2007年开始探索用一系列技术创造一种新的货币——比特币，2008年11月1日发布了比特币白皮书，2009年1月3日比特币系统开始运行。支撑比特币体系的主要技术包括哈希函数、分布式账本、区块链、非对称加密、工作量证明，这些技术构成了区块链的最初版本。从2007年到2009年底，只有极少数人参与了比特币的技术实验，而相关商业活动也没有真正开始。

2. 极客小众阶段（2010—2012年）

2010年2月6日第一个比特币交易所诞生了，2010年7月17日著名比特币交易所Mt.Gox成立，这标志着比特币真正进入了市场。尽管如此，能够了解到比特币，从而进入市场中参与比特币买卖主要是对互联网技术狂热的极客们。他们在Bitcointalk.org论坛上讨论比特币技术，在自己的电脑上挖矿获得比特币，在Mt.Gox上买卖比特币。仅仅4年后，这些技术宅中的一些人成了亿万富翁和区块链传奇。

3. 市场酝酿阶段（2013—2015 年）

2013 年年初比特币价格为 13 美元，3 月 18 日，金融危机中的塞浦路斯政府关闭银行和股市，推动比特币价格飙升；4 月，比特币最高价格达到 266 美元；8 月 20 日，德国政府确认比特币的货币地位；10 月 14 日，中国百度宣布开通比特币支付；11 月，美国参议院听证会明确了比特币的合法性。11 月 19 日，比特币上涨至 1 242 美元新高。但是，区块链仍然不具备进入主流社会经济的条件，所以比特币的价格飙升包含过多乐观的预期。中国银行体系遏制、Mt.Gox 的倒闭等事件触发大熊市，比特币价格持续下跌，2015 年年初一度跌至 200 美元以下，许多企业倒闭，不过经历严冬活下来的企业的确更加强壮了。在这个阶段，大众开始了解比特币和区块链。

4. 进入主流阶段（2016—2018 年）

2016 年世界主流经济不确定性增强，在这一年里，英国脱欧、朝鲜第五次核试验、特朗普当选美国第 45 任总统等事件发生。而具有避险功能与主流经济呈现替代关系的比特币逐渐复苏，其市场需求突增，交易规模快速扩张，开启了 2016—2017 牛市。虽然比特币在中国受到政策的严厉遏制，但在韩国、日本等市场快速升温，价格从 2016 年年初的 400 美元最高一度飙升至 2017 年年底的 20 000 美元。比特币的造富效应，使得其他虚拟货币以及各种区块链应用呈现大爆发之势，出现众多百倍利润、千倍利润增殖的区块链资产，引发全球疯狂追捧，使比特币和区块链彻底进入了全球视野。比特币在芝加哥商品交易所上线期货交易则标志着比特币正式进入主流投资品行列。

5. 产业落地阶段（约 2019—2021 年）

在经历了市场疯狂之后，2018 年的虚拟货币和区块链从市场、监管、认知等各方面进行调整，驱使人们回归理性。2017 年因造富效应而出现的众多区块链项目中，大部分会随着市场的冷却而消亡，只有小部分能够坚持下来继续推进区块链的落地。2019 年这些项目初步落地，但仍需要几年时间接受市场的监督与考验，这就是一个快速试错过程，企业产品的更迭和产业内企业的更迭都会比较快。预计到 2021 年，在区块链适宜的主要行业领域应该会有一些企业稳步发展起来。加密货币也会得到较广泛应用。

6. 产业成熟阶段（约 2022—2025 年）

区块链项目落地见效之后，会进入激烈而快速的市场竞争和产业整合阶段，三五年内形成一些行业龙头，完成市场划分，区块链产业格局基本形成，相关法律法规基本健全，区块链对社会经济各领域的推动作用快速显现，加密货币将成为主流货币，经济理论会出现重大调整，社会政治文化也将发生相应变化，国际政治经济关系出现重大调整，区块链在全球范围内对人们的生活产生广泛而深刻的影响。

区块链的这六个发展阶段还可以再简化一下，前两个阶段可以看做技术试验阶段，中间两个阶段是主流认知阶段，后两个阶段是产业实现阶段。我们当前仍处在社会认知广度已经足够，但认知深度尚嫌不足的时期，需要深入推进区块链知识的研究和普及，为产业发展成熟奠定基础。无论如何，区块链对全球经济的巨大价值已经被充分认识到了，对于全球社会政治生态改善的价值也在逐步显现，这是一个值得各国大力投入、抢占先机的社会经济新动力。

1.3 区块链从 1.0 到 3.0 时代

区块链，类似于一个分布式存储的数据库账本，记录用户的所有交易记录。由于去中心化的特点，这项技术也极其安全，所以其特性得到了广泛的关注，目前正在尝试进行金融、贸易、征信等各方向的产品落地探索。工信部也早在 2016 年发布了《中国区块链技术和应用发展白皮书（2016）》，其中包含了国内外区块链发展现状与研究分析，我国区块链发展路线图建议，区块链典型应用场景，同时首次提出我国区块链标准化路线图等。

当前，区块链被定义为区块链 1.0、2.0 与 3.0 时代，如图 1-4 所示。现在我们来看一下区块链的各个时代是如何进行划分的。

图 1-4　区块链的 3 个时代

1. 区块链 1.0 时代

区块链 1.0 时代是以比特币、莱特币为代表的加密货币，具有支付、流通等货币职能。

2008 年年末，中本聪在比特币白皮书中首次提到了“blockchain”这个概念。简单说就是对区块形式的数据进行哈希加密并加上时间戳，然后将哈希广播出去，使其公开透明而且不可篡改，这解决了电子现金的安全问题。

随着中本聪的第一批比特币被挖出来，区块链 1.0 时代也开启了，可以简单理解为区块链 1.0 时代和比特币、莱特币这些老牌数字货币挂钩。1.0 时代做的不多，但是把区块链带入到了现实社会中，这就足够了。同时它的发展得到了欧美国家等市场的接受，同时也催生了大量的货币交易平台，实现了货币的部分职能，能够实现货品交易。

但是从另一个角度来说，这次的行为将电脑中挖得的那些虚拟货币与现实中的实物联系起来，这是具有里程碑式的意义的，因此是无价的。在 1.0 时代，人们过多关注的只是建立在区块链技术上的那些虚拟货币，关注它们值多少钱，怎么挖，怎么买，怎么卖，涌现出了大量的山寨币。不过时间久了，自然会有更多的人去关注技术本身，随后就是引发一场新的革命——区块链 2.0 时代。

2. 区块链 2.0 时代

区块链 2.0 时代是以以太坊（ETH）、瑞波币（Ripple）为代表的智能合约或理解为“可编程金融”，是对金融领域的使用场景和流程进行梳理、优化的应用。区块链相对于金融场景有强大的天生优势。简单来说，如果银行进行跨国的转账，可能需要打通各种环境、货币兑换、转账操作、跨行问题等等。而区块链避免了第三方的介入，直接实现点对点的转账，提高了工作效率。

智能合约是提出较早的概念，“一个智能合约是一套以数字形式定义的承诺（promises），包括合约参与方可以在上面执行这些承诺的协议”。在日常生活中跟我们有什么联系呢？举一个简单的例子，一场德国对法国的球赛，如果德国队赢，算我赢，如果法国队赢，就是你赢。然后我们在打赌的时候就把钱放进一个智能合约控制的账户内，第二天过去了，比赛的结果出来了以后，智能合约就可以根据收到的指令自动判断输赢，并进行转账。这个过程是高效、透明的执行过程，不需要公证等第三方介入。

区块链 2.0 的代表是以太坊，以太坊是一个平台，它提供了各种模块让用户用以搭建应用。平台之上的应用，其实也就是合约，这是以太坊技术的核心。以太坊提供了一个强大的合约编程环境，通过合约的开发，以太坊实现了各种商业与非商业环境下的复杂逻辑。以太坊的核心与比特币系统本身是没有本质的区别的，而以太坊的本质是智能合约的全面实现，支持了合约编成，让区块链技术不仅仅是发币，而提供了更多的商业、非商业的应用场景。

可以说，以太坊 = 区块链 + 智能合约，也可以说以太坊掀起了区块链 2.0 革命的浪潮。以太坊为解决比特币的扩展性不足的问题而生，事实证明也确实如此，大量的 token 基于以太坊发行，疯狂之下，成功地将 ETH 推上了全球加密数字货币市值排行榜的第二名。

但区块链的 2.0 技术只能达到每秒 70 ～ 80 次交易次数，这也成为其快速发展的制约性因素。于是，这就需要将眼光放到未来的 3.0 时代。

3. 区块链 3.0 时代

区块链 3.0 时代是区块链技术在社会领域下的应用场景实现，将区块链技术拓展到金融领域之外，能够满足更加复杂的商业逻辑。区块链 3.0 被称为互联网技术之后的新一代技术创新，足以推动更大的产业改革，为各种行业提供去中心化解决方案的“可编程社会”。

在区块链1.0和区块链2.0的时代里，区块链只是小范围影响并造富了一批人，因其局限在货币、金融的行业中。而区块链3.0将会赋予我们一个更大更宽阔的世界。未来的区块链3.0可能不止一个链一个币，是生态、多链构成的网络，类似于一个巨大的电脑的操作系统。也可以说，区块链1.0是区块链技术的萌芽阶段，区块链2.0是区块链在金融、智能合约方向的技术落地阶段，而区块链3.0是为了解决各行各业的互信问题与数据传递安全性的技术落地与实现阶段。

因此，区块链的3.0时代，区块链的价值将远远超越货币、支付和金融这些经济领域，它将利用其优势重塑人类社会生活的方方面面。所以区块链3.0将更加具有实用性，赋能各行业，不再依赖于第三方或某机构获取信任与建立信用，能够通过实现信任的方式提高整体系统的工作效率。这是一场没有硝烟的革命。那我们要做的是，迎接它，拥抱它，最后改变这个世界。

在区块链更新迭代的进程里，极豆资本始终高度关注区块链行业各个领域的投资与发展。极豆资本创始人张议云认为，全球经济就是一个零和博弈的游戏，区块链作为一个新兴的小型经济体，它存在的价值就是一个必然。我们相信，区块链是下一波技术革命浪潮的关键力量，不仅仅在于这项技术本身，它与其他技术的结合应用必将产生不可估量的价值和影响。

1.4 区块链的分类

对区块链有过一些基本了解的朋友应该或多或少都听过公有链、私有链、联盟链、基础链、行业链等名词，为什么有这么多的分类？它们有什么区别呢？它们是按照什么维度进行分类的？下面我们就来聊聊区块链的分类。

1.4.1 按准入机制划分

按照区块链的准入机制可以将区块链分为公有链、联盟链和私有链，当然这也是根据现有情况划分的，以后还可能诞生其他类型的区块链。

1. 公有链

公有链是最早出现在人们视线范围的区块链，也是目前运用范围最广的区块链。它完全公开透明，面向所有人开放，准入门槛低，世界上任何个体或团体都可以在公有链上发送交易。在公有链上发送的交易都能够获得该区块链的有效确认，每个人都可以竞争记账权，在遵守公有链开发协议的基础上每个人都可以在公有链上开发自己的应用并进行发布。公有链的各个节点可以自由加入和退出网络，各节点之间的拓扑关系是扁平的。

公有链有以下三个特点。

（1）公有链可以保护用户权益免受程序开发者的影响。在公有链中程序的开发者没有权利干涉用户，所以用户权益更易得到保护。

（2）公有链开放性强。在公有链上，任何用户都可建立自己的应用，从而产生一定程度的网络效应。任何满足一定技术条件的人都可以访问，也就是说，只要有一台能够联网的计算机就能够满足访问的条件。

（3）数据公开透明。在公有链上的所有数据都是默认公开的，在这里每个参与者都可以看到系统中所有的账户余额和交易活动，也就是所谓的公开透明的分布式“总账”系统。不过，区块链的匿名性让参与者能够隐藏现实世界中的真实身份，从而找到了公开信息与个人隐私保护之间的一个平衡。

这就有点类似于宇宙自然中的空气和水一样，全人类都可以共享使用，没有任何人或机构可以有权去控制它。

公有链的典型应用包括比特币、以太坊、超级账本、大多数“山寨币”等，区块链的起源也是由公有链开始的。

2. 私有链

私有链（Private Blockchain）是对单独个人或组织开放的区块链系统，即系统由一个组织机构控制该系统的写入权限和读取权限。具体而言，系统内的各个节点写入权限将由组织来决定分配，而根据具体情况由组织决定对谁开放多少信息和数据。此外，查询交易的进度等都进行了限制，私有链仍具备多节点运行的通用架构。

私有链和传统应用的数据库没什么差别，但是如果将公共节点添加到其中，会得到比数据库更多的节点。如此，开放的区块链也就成了获得可信账本的最佳途径，其结果主要取决于“去中心化”的范围力度。力度越大，越适用。不同于公有链，私有链可以改善存在于传统金融模式里的一些通病，例如金融机构的工作效率问题、金融敲诈问题等。而公有链可以用软件来颠覆传统金融模式大部分功能，与私有链形成了鲜明的对比。

私有链有下述特点：

（1）交易速度非常快。一个私有链的交易速度可以比任何其他区块链都快，甚至接近了并不是一个区块链的常规数据库的速度。这是因为就算节点量少，但也都具有很高的信任度，并不需要每个节点来验证一个交易。

（2）更好的隐私保障。交易的参与者想要公开地获得区块链上的数据是非常困难的，因为其读取数据的权限是受限制的。

（3）更好的节点连接。私有链中节点的连接是十分方便的，出现故障时，能采用人工的方式来干预调整，并且可以使用共识算法来缩短交易时间。

（4）交易成本更加低。对于私有链上运行的交易，其流程的确认并不需要所有网络节点的认可，只需要几个大家对其认可度高的高算力节点即可，这将有利于交易成本的降低。

私有链的应用正处于尝试阶段，适用于特定机构的内部数据管理与审计。目前，Linux 基金会、R3CEVCorda 平台以及 Gem Health 网络的超级账本项目都在开发不同的私有链项目。R3CEV 是一家总部位于纽约的区块链创业公司，发起了 R3 区块链联盟，至今已经吸引 50 家巨头银行的参与，其中包括富国银行、美国银行、纽约梅隆银行、花旗银行等。各大国际金融巨头也陆续加入 R3CEV 区块链计划，金融集团之间可能更倾向于私有链。

事实上，目前关于私有链是否是区块链还存在着争议。有人认为私有链并不是区块链，而是一种分布式账本技术，私有链注定是去中心化的。但也有人认为，私有链仍具备区块链的通用技术架构，只要能够确保价值安全且有效的转移，就属于区块链的范畴。金融机构目前对私有链的兴趣非常浓厚，其能解决许多金融企业的现存问题，如医疗保险可携行和责任法案（HIPAA）、反洗钱（AML）和客户情况（KYC）的随时反馈等。

3. 联盟链

联盟链（Consortium Blockchain）只针对某个特定群体的成员和有限的第三方，系统内部会指定多个预选的节点为记账人，每个区块的生成是由所有预选节点共同参与决定的，其他接入节点可以进行交易和应用流通，但不参与记账过程和内容，其他第三方可以通过该区块链技术内开放的 API 进行限定的查询。为了使性能和机制运行起来更加顺畅，联盟链对于共识或验证节点的配置和网络环境的要求就比较高。

联盟链是介于公有链与私有链之间的一种系统形态，它往往由多个中心控制。有专家指出，联盟链的本质是分布式托管记账系统，由组织指定多个"权威"节点对系统进行控制，这些节点之间根据共识机制对整个系统进行管理与运作。联盟链可以理解为"部分去中心化"，公众只有查阅和交易的权限，想要验证交易或发布智能合约还需要获得联盟许可。

（1）联盟链的产生。联盟链使用的群体主要是银行、保险、证券、商业协会、集团企业及上下游企业，我们可以以这些企业群体作为切入点来了解联盟区块链的产生。区块链诞生之际，上述企业均已实现了 IT 化和互联网化，区块链作用主要体现在提升企业产业链条中的公证、结算清算业务和价值交换网络效率上，然而在实际操作中发现，现有区块链技术在处理性能、隐私保护、合规性等方面都无法契合他们的业务需求；同时，他们也意识到如果全面采用比特币的那一套完全公链的设计理念，会对现有的商业模式和固有利益产生影响，而且还会承担极大风险。基于这些情况，他们开始对区块链体系进行优化改造。联盟链形态，更多是以分布式账本（DSL）为主，区块链的分布式账本和分布式共识为他们解决了主要核心问题，即联盟中多个参与方交互的信任问题。

（2）联盟链的维护。联盟链的维护治理，一般由联盟成员进行，通常采用选举制度，以便对权限有所控制。代码一般部分开源或定向开源，主要由成员团队进行开发，或采取厂家定制产品。

关于联盟链的治理，有较多传统方案可供参考，相对于公有链来说，它们的治理更有规可循。但同时，这些联盟治理的问题也不可避免地会遇到如联盟成员中的联合欺诈、竞争性联盟成员的利益均衡等问题。从治理层面，存在着节点使用收获和投入维护的不对称、联盟链的数据资产权属等问题。这些问题，同样都需要联盟链在成立之初就做好合理安排。

（3）联盟链的特点。

1）可控制性强。与公有链相比，其由于节点一般都是海量的，一旦形成区块链，那么区块数据将不可篡改，比如比特币节点太多，想要篡改区块数据几乎是不可能的；而联盟链中只要联盟内的所有机构中的大部分达成共识，即可将区块数据更改。

2）半中心化。联盟链在某种程度上只属于联盟内部的成员所有，因其节点数量是有限的，所以很容易达成共识。

3）交易速度快。从本质上讲联盟链还是私有链，但因为节点数量限制，容易达成共识，因此交易时速度也是非常快的。

4）数据不会默认公开。与公有链不同，联盟链的数据只限于联盟内部机构及其用户才有权限进行访问。

成立于 2015 年 9 月的 R3 区块链联盟是最典型的联盟链，目前已经有数十家国际银行和金融机构加入，成员遍及全球。这些成员包括纽约梅隆银行、花旗集团、德国商业银行、德意志银行、汇丰银行、日本三菱 UFJ 金融集团、澳大利亚国民银行、加拿大皇家银行、法国兴业银行、多伦多道明银行、中国平安、瑞穗银行、北欧银行、意大利联合信贷银行、巴黎银行、富国银行、荷兰国际集团、麦格理银行、加拿大帝国商业银行等金融机构。

1.4.2 按应用范围划分

在区块链领域有句话是“币讲究共识，链侧重生态”，在区块链的划分中，按照生态的应用范围可以分为基础链、行业链两种类型。

1. 基础链

典型案例：ETH、EOS。

所谓基础链，就是提供底层的各类开发协议和工具，方便开发者在上面快速开发出各种 DAPP 的一种区块链，一般以公有链为主。

如果拿现实来类比，我们常说基础链就是操作系统。严格来说这种说法可能不够准确，不同的基础链定位有所不同，比如 ETH 和 EOS 可能更像操作系统。

2. 行业链

典型案例：BTM、GXS、SEER。

所谓行业链，业内似乎没有统一的定义，觉得它在底层技术上不如基础链，是为某些行业特别定制的基础协议和工具。如果把基础链称为通用性公链，则可以把行业链理解为专用性公链。

行业链类似我们日常生活中的某些行业标准，比如 BTM 就是资产类公链，GXS 是数据公链，而 SEER 是预测类公链。

1.4.3 按原创程度划分

这个划分方式可能比较小众一些，与之相关的资料和内容极少，因此仅做简略陈述。

1. 原链

典型案例：BTC、ETH。

这种叫法可能不够准确，这里指的就是原创的区块链，单独设计出整套区块链规则算法的。这种区块链对技术的要求非常高。

2. 分叉链

典型案例：BTC、ETH。

理解了原链，分叉链就很好理解了。所谓分叉链，就是在原链基础上分叉出来独立运行的主链。

相对而言，分叉链的研发难度低于主链。但是要维护好一条分叉链，后续的维护和升级工作也有很大的挑战。比如 BTC 对 BCH 的分叉，ETH 对 ETC 的分叉，这两条分叉链都做得不错。

1.4.4 按独立程度划分

根据这条区块链是否足够独立，区块链还有一种分法。

1. 主链

典型案例：BTC、ETH。

通俗来说，主链可以理解为正式上线的、独立的区块链网络。就像一个小王国，独立自主。

2. 侧链

典型案例：Network。

从本质上说，侧链并不会特指某个区块链，它是遵守侧链协议的所有区块链的统称。侧链旨在实现双向锚定，让某种加密货币在主链以及侧链之间互相“转移”。

需要注意的是，侧链本身也可以理解为一条主链。而如果一条主链符合侧链协议，它也可以被叫做侧链。

举个现实的案例，主链和侧链，有点像我们平常说的主城和卫星城的关系，彼此之间都是独立运转的城市系统，但彼此又互通有无。

1.4.5 按层级关系划分

1. 母链

万链之母，能生链的链就叫做母链，可以说是底层的底层。

2. 子链

构建在底层母链基础上的区块链，链上之链，即为子链。

按层级关系划分方式比较小众，在应用中比较少见，在这里就不赘述了。

1.5 区块链的五大特征

1.5.1 去中心化

1. 自然界的去中心化

去中心化，在自然界其实很早就已经普及开来。最熟悉的蜂巢的结构，就是去中心化的。我们再看鸡蛋的应力结构，也是分散式的。从中我们可以看到，去中心化的最大好处是更安全可靠，任何一部分的损坏，不会对整体造成致命的伤害。这和传统的短板理论是两个不同的思路，短板理论里任何一块短板都会造成整体的缺憾。

2. 互联网时代的去中心化

在传统信息时代，其实去中心化已经被实践了多年。最早我们通过网站、电子邮件互相分享信息，并实现了相对互动频率较高的协作。Wikipedia、Flickr、Blogger 平台的出现，使得内容生产不再集中于传统的纸质媒体和权威的电视节目，每一个人都可以是内容生产者，然而，尽管如此，这样的内容生产依然和现在的短平快的内容生产方式相差甚远。随着 Twitter 和 Facebook 之类门槛较低、更适合于大众的内容生产和社交平台的出现，去中心化得以以更加快速的方式呈现在人们面前，展现出更丰富的内容和活力。内容的生产，也从传统的长篇文字生产（博客）到短篇（微博的 140 个字），从传统的长视频（youtube）到现在的短视频娱乐（抖音），以及图片分享、图文结合（美图秀秀、微信朋友圈）等，购物方式从传统的大型商场到网上淘宝，以及今天更多的垂直电商平台。

从这个互联网产品的演变过程，我们可以发现，去中心化带来的巨大影响力深刻影响了我们生活、购物、社交的方方面面。一个共同的特点，这些互联网的产品都越来越向小型化、轻质化和差异化发展；内容生产更加平民化；社交网络越来越扁平化。

3. 区块链时代的去中心化

去中心化是区块链最基本的特征，区块链不再依赖于中心化机构，实现了数据的分布式记录、存储和更新。在生活中，比如淘宝购物，实际你的钱是由支付宝这样的机构进行管理和储存。转账、消费时在我们的账户余额上做减法，收款时做加法。你的个人信息也都在支付宝的数据中，这些都是中心化的，都是围绕着第三方这个中心。

但如果支付宝的服务器受到损坏，导致数据丢失，那我们的记录就会被销毁，交易无法查询，账号会被随时查封、冻结，存在支付宝内的资金无法追回，甚至个人信息泄露。这就是中心化的缺点。

由区块链技术支撑的交易模式则不同，买家卖家可以直接交易，无需通过任何第三方支付平台，同时也无须担心自己的其他信息泄漏。去中心化的处理方式就要更为简单和便捷，当中心化交易数据过多时，去中心化的处理方式还会节约很多资源，使整个交易自主简单，并且排除了被中心控制的风险。

区块链的去中心化，包括以下 4 项。

（1）区块链去中心化的共识机制。无论是通过 POW、POS 还是 PBFT 等等作共识，都是去中心化的，只是去中心化的方式和程度不一样而已。

（2）数据和信息存储的去中心化。分布式的账本解决了数据和信息账本的去中心化，星际文件系统（InterPlanetary File System,IPFS）解决了文档信息存储的去中心化。

（3）激励机制的去中心化。传统上，我们靠中心化的体系来赋予我们个人激励的动力，比如公司发放奖金，但是显然存在两个问题，一个是发的频次不够，一年就一次、两次或每月一次；另一个是发的奖金数量不够，奖金没有增值功能。现在在通证机制下，只要个人对社区产生贡献，就可以给予其通证激励，在这种机制下，激励的频次提升，通证还有升值潜力，和传统激励模式产生的效果有天壤之别。

（4）组织结构的去中心化。在区块链时代，公司的组织结构或将消亡，取而代之以社区化公司出现，在这种结构下，个人脱离了公司制度的桎梏，加上新的激励机制，个人潜能将被极大地释放出来，极大促进社会协作和生产效率的提高。当这样一个去中心化的社区化企业出现时，政府的管理也将面临巨大的变革。

1.5.2 开放性

除了交易各方的私有信息被加密外，区块链系统是公开透明的。任何人或参与节点都可以通过公开的接口查询区块链数据记录或者开发相关应用，这是区块链系统值得被信任的基础。区块链数据记录和运行规则可以被全网节点审查、追溯，具有极高的透明度。

密码技术以及数据的公开透明为区块链系统的安全性提供了基本保障。区块链是一个可信的系统，一方面需要信息真实、安全地记录；另一方面需要全员予以监管，最直接有效的监管方式就是让数据公开透明地呈现在大家眼前。

一般区块链都提供区块链浏览器。区块链浏览器是提供区块链系统运行状态的查询工具，例如区块链网络的浏览器有 blockchain.info。同时，区块链系统要求参与区块链系统中的每个参与方都可以有一份完整的区块链账本，选择全账本还是部分账本是用户的选择问题，但是区块链系统必须保证参与方拥有全账本的能力。通过全账本数据的获取，用户可以实现对数据的全方位监管。

随着区块链渗透到不同领域、不同行业，也就产生了对公开透明的个性化要求，有些需求就要求数据只能对特定行业、特定用户进行开放。于是在区块链行业就产生了像 R3 CEV 和 Hyperledger（超级账本）这样的相对透明公开的应用。完全公开透明的代表应用目前有区块链加密技术、token、Ripple 等。

1.5.3 匿名性

当前人们在享受互联网时代便利的同时，常常会感慨这是一个没有隐私的年代。网络爬虫、人肉搜索等手段的问世，将人们的生活置于各种显微镜下；各种促销或骚扰电话让人不胜其烦；因信息泄露遭遇经济诈骗的报道也屡见不鲜。如何保护个人隐私成为公众最为关注的话题之一。

匿名性，顾名思义是指个人在去个性化的群体中隐藏自己个性的一种现象。置换到区块链方面，指的便是别人无法知道你在区块链上有多少资产，以及和谁进行了转账，甚至是对隐私的信息进行加密。现在，与区块链关系密切的加密货币市场中，匿名性呈现出基本、高级、极致等不同程度。比特币的匿名性是最基本的，在区块链网络上只能查到转账记录，但不知道地址背后是谁，但是一旦知道这个地址背后对应的人是谁，也就能查到其所有相关的转账记录和资产。

而做到较为高级匿名性的，则是达世币和门罗币。即使你查到了此类产品转账地址背后的人是谁，也无法知道其他的信息。再上一层，就是把匿名性做到了极致，例如 ZCASH，它苛刻的资产匿名性要求只有拥有私钥的人才能查到所有的转账信息。主要匿名币数据对比见表 1-1。

表 1-1　主要匿名币数据对比

名称	简　介	主要内容	优　势	劣　势
门罗币（XMR）	主流匿名币之一，采用环签匿名算法，将交易复制到多个用户且都显示为有效，使追踪货币来源困难化	环签匿名算法	通过隐秘地址隐藏交易双方和交易记录； 环签名技术进行隐藏加密； 隐私是默认标准配置	对交易环境依赖性较高，隐私性取决于有多少同时满足条件的交易发生
达世币（Dash）	主流匿名币之一，采用混币技术隐藏货币来源	货币混合	主节点网络能够保障其创新能力和即时交易； 混币技术使隐私保护有所保障； 管理制度上的自我激励模式	加密交易依赖于由合作客户担任的主节点，而隐私性依赖于对主节点的信任； 主节点可以看到交易双方和交易金额，因此更偏向于匿名限制； 加密交易需要额外操作默认
大零币（ZEC）	主流匿名币之一，零知识证明是一种可以在不知道交易本身的情况下验证交易准确性	零知识证明	零知识证明匿名性较高； 点对点	zk-SNARKs 技术非常消耗性能，且目前实现并不理想； 每次加密交易需要额外操作默认； 只有少部分交易匿名，为潜在交易分析提供数据支持； 匿名交易时生成 Proofs 的时间较长，花费较高，影响匿名交易的积极性； 应用程度目前来说较低

除了资产方面的匿名性，大多数基于区块链技术的应用也具备匿名性，在隐私保护方面大有所为，例如投票、选举、隐私保护、艺术品拍卖等等。

譬如，苏宁金融上线的区块链黑名单共享系统，就能够有效实现匿名性，并有效隐藏一些涉及敏感数据交易的金融机构的真实身份，任何人都无法知道某一个黑名单是谁上传的。

当然，区块链的匿名性，特别是在资产上的匿名性也颇具争议。因为它在人们交易、隐私方面起到了重要的保护作用，也为一些违法犯罪行为提供了“保护伞”。

不过，区块链的应用尚处于初级探索阶段，如何发挥最大作用，如何避免有人借助区块链进行恶意破坏，还尚未可知，相信在不久的未来能得到检验。

1.5.4 不可篡改性

什么是区块链的不可篡改性?

微信群或者 QQ 中保留的聊天记录，我们想要修改并删除，只可修改自己的聊天记录，而群里其他人的记录是不可篡改的。区块链就是这样一种特定的“聊天记录”，这些记录在区块链世界里也有着它特有的名字——交易，这些历史交易使用区块链的方式保存就不可篡改。

它的原理是这样的，所有存在于这个区块链的人（被称为节点钱包）都完整地保留一份交易记录。那么，当任何一个人想要篡改这些历史记录时，其他在区块链上的人就会拿出自己的那一份交易记录，来证明这些心怀不轨的人试图作弊。只要发现试图通过这种方式作弊的人，其他人就会将其孤立，甚至直接将其踢出这个网络。

1. 不可篡改的数据信息

区块链技术最初研发出来时，就是为了防止信息被篡改的。而区块链技术及应用发展至今，被用于银行安全结算等，都是因为其对外号称是不可篡改的，即安全的。

哈希算法就是一种单向密码体制，保证在区块链交易中信息不可篡改。该算法能把任意长度的内容（无论是一个数，还是文章、图像、视频，总之就是任何数字化的信息）以一种不可逆的方式转化成一串固定长度的数字，并保证结果唯一，而从这个结果几乎没有办法推算出原始数据。这个加密过程是不可逆的，这就意味着无法通过输出的内容推断出任何与原文有关的信息。任何输入信息的变化，哪怕仅仅是一位数字的更改，都将导致散列结果的明显变化。基于输出内容与输入原文一一对应的特性，哈希算法可以被用于验证信息是否被修改。因此，要篡改一笔交易，意味着它之后的所有哈希值和相关交易记录全部要篡改一遍，这需要的算力和难度极高，成功概率极小。

以比特币为例，比特币从诞生起，就有交易记录产生。也就是说，矿工每挖出一个区块的记录，用户每一笔转出或转入的交易都被保存到链上的每一个区块中。如果单个区块想要修改记录，都会因为其他区块链记录不认可而无法生成记录。所以，单个区块链发起的不实信息不会被记录到区块链上。很多人说，区块链的不可篡改的特性是降低社会信用成本的一剂良药。随着技术的发展成熟，区块链不可篡改的特性未来将得到更好的发挥和应用。

2. 51% 攻击

当有一组矿工控制超过哈希算力（计算能力）的 50%时，可能会发生 51%的攻击（也称为“多数攻击”）。实际上“51%”用词不当，一个成功的攻击仅需要 50% +1 的哈希算力。

在比特币网络里，有人的算力超过全网的 51%，从而具有了篡改系统交易的能力。如果某个居心叵测的节点想发起 51% 的攻击，他要么是一个超级大矿池，聚集了全网绝大多数的算力，要么是一个超级富豪，愿意花巨资购买足够多的设备来掌管整个网络。但这样的条件在现实中几乎没有人能做到，就算有人做到了，使得比特币系统可以篡改交易或发动“双花”现象，但整个系统就会让用户失去信心，比特币的价值将一落千丈，最终一文不值，那么这样的 51% 攻击就变得没意义了，还不如之前的收益大，所以有理智的人是不会发动 51% 攻击的。

1.5.5 可追溯性

区块链的可追溯性是指，人们日常生活中产生的任何数据信息都会被区块链所记录，这些数据信息都具有准确性和唯一性，且不可进行篡改。这也意味着，人们产生的数据信息，都能够被追溯查询，方便政府机关更好地管理。

权威报告显示，每年有上万亿美元的假货在全世界流动，约占全世界 GDP 的 2%，全球年交易规模超过 6 000 亿美元，是毒品交易额的两倍。一方面，中国市场和法律机制不够健全；另外一方面，造假产业链已经嵌入地方经济，全力打击的话对地方经济又会有一定的影响，而我国又处于全球工业体系的中低端位置，产品附加值低、利润薄，于是在金钱的诱惑下，有人就选择铤而走险。但造假产业又不能不打击，全球假货造成的总损失数额之高，对创新和品牌企业的伤害更是巨大。

那么区块链可追溯的特点能给我们的生活带来什么样的变化呢？我们举一个日常生活中的例子：购买一种商品，包装上面标注了原产地信息，那么消费者往往很少会怀疑这个商品的真实性。假如没有这些信息，消费者可能就会对该商品的真实性产生疑问。

为了解决这个问题，我们可以利用现有技术，通过信息系统建立一个从包装打码开始，结合中间配送的过程的商品记录，如现在电商中常用的物流追踪技术到最后整个消费者系统的下单消费数据，这些数据都可以通过现有的系统实现。然而，这样就能够保证商品的真实性了吗？其实不然。我们研究一下就会发现，商品在供应链中的溯源流通问题上，至少存在以下三个漏洞。

第一，商品溯源的问题可能还要往前去追溯，最好能够将该商品的生产环境记录下来。如果是农产品，甚至要记录生产环节中的关键细节，比如农药的施用问题、降水干旱的问题。如果这些数据能够如实记录，对于增加商品的可信度会有很大帮助。另外，不仅仅是物流上的数据，还需要更多的信息录入，比如该商品在整个供应链中流动的信息，这样势必让消费者可以看到完整的参与方数据，以此来增加更多信任背书主体。

第二，针对第一条描述，这么多信息记录都是在单一的系统中。而该信息系统是中心化系统，存在可能单一个体作恶的问题。即假如该供应链中，由甲公司来主导这个项目，那么众多环节的信息都被计入甲公司提供的信息系统数据库中，数据可能遭受黑客攻击导致数据丢失损坏等问题。同时，由于系统是中心化的，那就有可能存在人为修改数据的可能性，进而威胁整个数据的真实性。

第三，目前主流的系统在整个商品的供应链中，存在信息孤岛问题。通常情况下整个供应链存在多个信息系统，而信息系统之间很难交互，导致信息核对烦琐，数据交互不均衡，最后造成线下需要太多的核对及重复检查才能弥补多个系统交互的问题。另外，支付和账期问题造成的重复审计成本也特别高。

针对以上类似问题，我们发现，区块链是适合解决这些问题的。“四大”审计公司之一德勤对区块链技术基本观点如下：

（1）去中心 / 中介化的信任。系统自身保证其真实性，不需要外在信任背书主体介入。

（2）其特征是它的稳定性、可靠性、持续性，因为它是一个分布式的网络架构，不存在单点故障，所以在整体的技术架构方面有着更强的稳定性、可靠性和持续性。

（3）它安全的加密机制、共识机制不需要第三方的进入，而是通过技术中介来达成整个交易。

（4）链上数据只能增加、不能修改的特性，决定了交易的公开透明和不可篡改性。

对于第一条，我们可以通过区块链多方参与，共同维护同一个账本的形式，争取尽可能多的商品供应链参与方参与其中。参与方越多，共同维护的数据越多，越容易给消费者带来更多的数据信任背书。

对于第二条，区块链自身去中心化的特征，分布式的网络克服了中心化系统的各种弊端。同时还能回避人为作恶或者数据意外损失的问题。

对于第三条，多方共同维护同一账本的特性，帮助我们打破不同系统间信息孤岛的问题。同时还可以带来支付即结算的清算功能，减少多方重复对账带来的问题和成本。

另外，区块链数据在上链之前的真实性问题，也是大部分人担心的问题。诚然，区块链技术能够保证上链后数据真实，不可篡改，但对于上链前的问题并不能提供帮助，但是目前我们也已经有多种技术手段努力去解决该问题。

因此，总的来说，区块链可以在保证商品数据记入区块链后，对于整个参与区块链的实体都能看到其中每个环节信息，且信息不会被人为篡改。信息容易回溯到记入的每个交易点，且避免了单点数据损坏没有备份的威胁。可以说，区块链给我们在商品溯源流通领域上带来一个全新的思路，让我们扫除信息盲点，带来更多的交易信息细节价值。

第 2 章

区块链技术原理与经济学思想

2.1 区块链技术原理

2.1.1 区块基本逻辑理论

区块链逻辑理论上由多个“区块”和系统“链”组成，其中“区块”又分别由“区块头”和“区块体”两部分组成，各个区块之间通过区块头的哈希值按时间先后顺序依次同向连接，如图 2-1 所示。

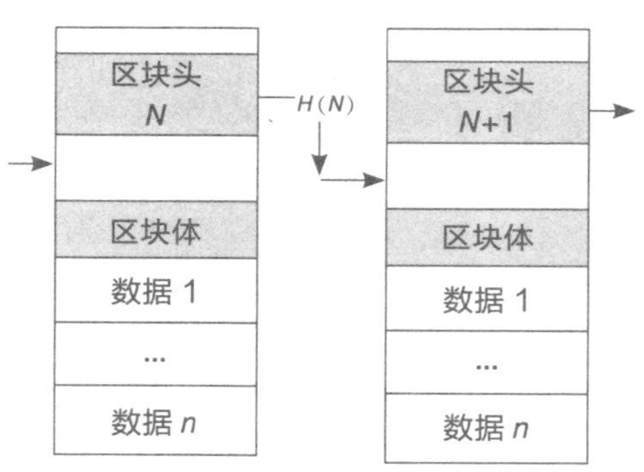

图 2-1 区块解析图

以加密资产中的比特币为例，我们能看到比特币区块链中的区块包含“区块头”和“区块体”两部分，在这个系统中的区块头里包含前一个区块的区块头哈希值、时间戳、随机生成的随机数以及 Merkle 树根，还将当前区块的区块头进行哈希生成一个哈希值，用于作为下一区块的“指针”，四个内容组成的头和一个指针就像捉迷藏一样去找寻下一个相似的自己，区块体中记录了交易数据等其他信息，整个链上就多次的交易数据累计，有秩序地延续下去，如图 2-2 所示。

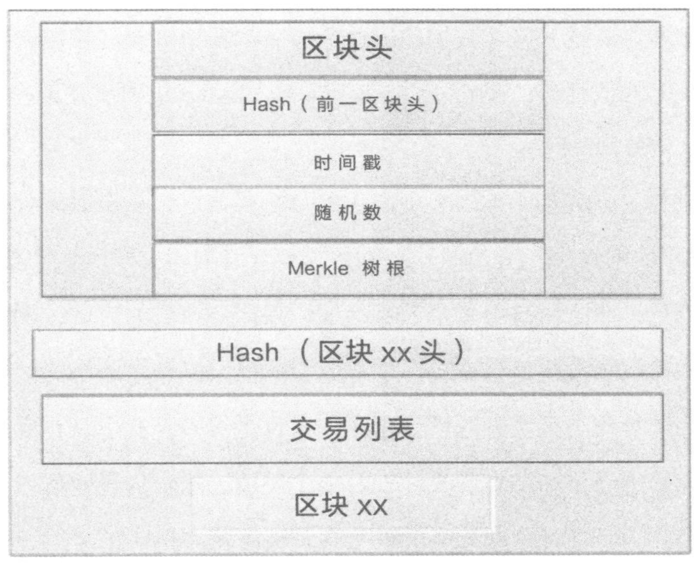

图 2-2 区块示意图

随机数：指的是矿工在挖矿的过程中推导出来的一个随机数，这个随机数没有规律，随着挖矿时间的增加，随机数会使挖矿的难度增加；

时间戳：用于记录当前时间，为每一个随机数提供公证；

Merkle 树根：可以理解为同样的一个 Hash 值，将当前区块所要记录的交易列表一一进行哈希，两两哈希后形成一个最终的哈希值，不断延伸，像大树一样，枝干相连。

2.1.2 区块链系统的四大核心技术

区块链的技术系统可以看作是一个各节点共同维护的公共数据库账本，这个账本具有公开性，通过独有的共识算法达成公开账本的数据一致性，通过密码学技术确保账本数据的不可篡改性和数据交换时的唯一法则与安全性，通过脚本系统统一账本数据的表达范畴。本章将针对区块链的四个核心关键技术——共识机制、智能合约、加密算法和 Merkle 树展开论述。

1. 区块链的共识机制

区块链作为一种透明的、去中心化的分布式账本，每个账本分布在一个互通网络的“数据终端”上，目前这个网络需要互联网的支撑，这个“数据终端”称为“节点”，而区块链由多个节点组成，采用分布式的方法，网络中一旦某个节点取得权限发生信息变更，消息就会广播给网络上所有的其他节点。去中心化和防篡改是区块链的价值所在，这也是很多企业里正在应用落地的点。要实现去中心化和防篡改权，就要求区块链上账本信息的任何变更都是透明的、公开的，并且分散知晓的。共享是保障账本透明的手段，这个手段从始至终都在整个区块链系统执行。账本一致性是实现透明和共享的必要条件，要使单一节点账本与整个网络上所有节点的账本内容保持一致，就需要一种能保障网络所有节点账本一致的机制，这个机制在系统中发挥极其重要的作用，这就是共识机制，它是区块链系统运行的灵魂。

传统分布式数据库利用主从冗余的原则和实时备份的方式来保障整个数据的一致性，主节点将其事务日志内容实时同步给其它从节点，从节点将内容反射回主节点，并保证与主节点完全对应和一致。不同于传统分布式数据库，区块链的共识机制要复杂得多，既有对原技术的创新又有新的机制逻辑。

当前针对不同的应用场景已经提出了许多共识算法，如工作量证明（Proof-of-Work,POW）、权益证明（Proof-of-Stake,POS）、委任权益证明（Delegated Proof-of-Stake, DPOS）、实用拜占庭容错算法（Practical Byzantine Fault Tolerance, PBFT）、复制证明（PoRep）等其他共识算法。其中，PoRep 是一种新的存储证明算法，该算法允许服务器或者节点说服用户在其物理存储中复制一些数据，比如在最新的 FileCoin 系统中，服务器节点承诺若干个数据副本，然后通过质询 / 相应协议说服用户它正在存储数据的每个副本。

基于 POW 的比特币系统每 10 分钟才产生一个区块，共识机制决定了区块链节点生成的速度，节点生成的速度决定了其应用的范围，正是这个生成速度导致了现在比特币系统的缓慢，延伸出硬分叉和软分叉，通过扩容来解决生成速度的问题。要想对区块链技术进行企业级应用，并且将这种企业级应用在全社会推广，共识机制的设计方案是关键因素，起到决定性作用。

在分布式系统中想要达到绝对意义上的及时同步消息传递几乎是不可能的，所以可以把现实中进行消息传送的分布式系统抽象成异步模型。在异步模型中，只要存在一个进程不可靠就无法达成整体的共识，这就是分布式系统中的“FLP 不可能”原理，也就是说一致性问题的理论下限是无解的。除此之外，一个分布式系统只能同时满足“一致性、可用性和分区容错性”中的两者，这就是分布式计算领域著名的 CAP 定理。

综上可知，好的共识算法的设计应该在基于 FLP 不可能原理上对 CAP 进行期望最大化，事实上分区容错性是一个分布式系统基本的要求，因此，在实践中分布式计算的设计通常就只需要考虑可用性和一致性。

2. 区块链智能合约

智能合约（Smart contract）最早由尼克·萨博提出："一个智能合约是一套以数字形式定义的承诺（promises），包括合约参与方可以在上面执行这些承诺的协议。"他定义的智能合约是一种自动执行协议，买方和卖方之间的条约被写入分布式区块链网络的代码行中。因此，智能合约能在无中心授权的情况下允许匿名用户进行交易和协议。它是一种旨在以信息化方式传播、验证或执行合同的计算机协议。智能合约允许在没有第三方的情况下进行可信交易，这些交易可追踪且不可逆转。智能合约的目的是提供优于传统合约的安全方法，并减少与合约相关的其他交易成本。

传统合约指双方或多方通过协议来进行等值交换，双方或多方必须彼此信任才能履行交易。一旦一方违约可能就要借助社会监督和司法机构。区块链上的智能合约不同于传统的智能合约，区块链智能合约是由事件驱动的、具有状态的、运行在可复制的共享区块链数据账本上的计算机程序，能够实现主动或被动的数据处理、储存、接收和发送价值，并且能够管理和控制区块链上的其他功能。智能合约作为一种嵌入在区块链上程序化的合约，以代码的形式附着在区块链上并使用加密代码强制执行，完全无法自动干预。

智能合约是区块链从数字货币扩展到其他领域的关键因素，赋予了区块链更多智能化的想象空间，使区块链从最早期的比特币系统到智能合约有了质的飞跃。它们是真正的全球经济的基本构件，任何人都可以接入到这一全球经济，不需要事前审查和高昂的预付成本。它们从许多经济交易中，移除了对第三方的信任必要，在其它情况下，将信任转移到可以信任的人和机构。

3. 区块链加密算法（Encryption Algorithm）

简单来说，加密就是通过一种算法将明文信息转换成密文信息，信息的接收方能够通过密钥对密文信息进行解密获得明文信息的过程。根据加解密的密钥是否相同，算法可以分为对称加密、非对称加密，以及对称加密和非对称加密的结合。不同之处在于对称加密算法的加密和解密的密钥是相同的，而非对称加密算法中加密和解密的密钥不相同。常见对称加密算法有 DES、3DES、AES 和 IDEA，非对称加密算法有 RSA、E1 Gamal 和椭圆曲线系列算法。

对称加密算法是应用较早的加密算法，技术成熟。在对称加密算法中，数据发信方将明文（原始数据）和加密密钥一起经过特殊加密算法处理后，使其变成复杂的加密密文发送出去。收信方收到密文后，若想解读原文，则需要使用加密用过的密钥及相同算法的逆算法对密文进行解密，才能使其恢复成可读明文。在对称加密算法中，使用的密钥只有一个，发收信双方都使用这个密钥对数据进行加密和解密，这就要求解密方事先必须知道加密密钥。

非对称加密算法是一个函数，通过使用一个加密钥匙，将原来的文件或数据转化成一串不可读的密文代码。加密流程是不可逆的，只有持有对应的解密钥匙才能将该加密信息解密成可阅读的明文。加密使得私密数据可以在低风险的情况下通过公共网络进行传输，并保护数据不被第三方窃取、阅读。

区块链是按照时间顺序将数据区块以顺序相连的方式组合成的一种链式数据结构，并以密码学方式保证的不可篡改和不可伪造的分布式账本。接下来，我们对几个区块链的主要密码技术进行研究。

（1）Hash（哈希）函数。比特币系统中使用的哈希函数分别用于完成工作量证明计算和生成地址。哈希函数是用于生成信息摘要的函数，利用哈希函数可以将任意长的字符串映射成固定长度的字符串，即哈希值，并且不同的字符串经过哈希后生成的哈希值均不相同，即使字符串有微小的改变，所生成的哈希值也完全不同。这个运算的确定性、高效性使得去中心化的计算能够实现。又因为对输入的敏感性和该映射逆函数难以寻找(抗原像攻击),对区块链系统安全性有很大帮助。同时哈希函数还具有正向快速、逆向困难和抗碰撞等特性,常见算法包括 MDS、SHA 等。经过哈希之后生成的哈希值被称为数字摘要。

(2)数字签名。数字签名是用于验证数字、数据真实性和完整性的加密机制。数字签名是基于非对称加密算法而言的,就是只有信息的发送者才能产生的别人无法伪造的一段数字串,这段数字串同时也是对信息的发送者发送信息真实性的一个有效证明。数字签名就是传统手写签名方式的数字化版本,并且相比于签字具有更高的复杂性和安全性。数字签名是非对称加密技术和摘要技术的应用,当 A 要将字符串 X 传送给 B,如果仅对 X 进行摘要后把摘要和原始字符串一同传送给 B,这是不安全的。为了满足安全性,通常需要用私钥把摘要进行数字签名后一同发给 B,B 再利用 A 的公钥将数字签名进行解密得到字符串 X 的摘要,再对字符串 X 进行摘要,将二者所得结果进行对比,如果一致则说明字符串没有被篡改。数字签名主要用于保护交易和交易块、敏感信息的传输、软件分发、合同管理,以及检测和防止任何外部篡改等情况。数字签名使用非对称密码术,这意味着可以通过使用公钥与任何人共享信息。

(3)数字证书。顾名思义,数字证书就是像一个证书一样,证明信息的合法性。由证书认证机构(Certification Authority,CA)来签发。数字证书是用来证明某个公钥是谁的,并且内容是正确的。对于非对称加密算法和数字签名来说,很重要的一点就是公钥的分发。一旦公钥被人替换(典型的如中间人攻击),则整个安全体系将被破坏掉。理论上 A 的公钥是所有人都可以获取的,那么就会产生一个问题,如果中间出现一个 C,C 将 B 持有的 A 的公钥调换成了 C 的公钥，则 C 就可以截取 A 传过来的字符串 X，然后将 X 用自己的私钥进行加密后发给 B，那么信息传输就不再安全，数字证书的出现解决了这个问题。我们可以在上面查到 A 的合法公钥，于是这就可以避免被 C 调换公钥的情况发生。数字证书的内容包含信息比较多，如版本、序列号、签名算法类型、签发者信息、有效期、被签发人、签发的公开密钥、CA 数字签等等，一般使用最广泛的标准为 ITU 和 ISO 联合制定的 X.509 规范。

在实际的应用中，区块链加密过程要比我们阐述的复杂许多，但由此可知，加密算法才是保障区块链系统价值得以顺利传递和信用得以延续的基础。

4. 区块链 Merkle 树

Merkle tree（默克尔树），常称其为 Merkle 树，是一种哈希二叉树。在计算机科学中，二叉树是每个节点最多有两个子树的树结构，每个节点代表一条结构化数据。通常子树有“左子树”（left subtree）和“右子树”（right subtree）。二叉树常被用于实现数据快速查询。

在区块链中，Merkle 树充当着一个代表性的角色，一个区块中的所有交易信息都被它归纳总结，大大提高了区块链的效率。在区块链中需要进行大量的验证，比如验证某一笔交易是否合法，验证区块链上的某一笔交易是否已被篡改，是否存在“双花”（即同一比特币进行了两次支付）交易问题等。如果区块链验证方式使用的是线性表（见图 2-3），已知当前 Root，要验证区块 1，就需要一一验证其后的所有区块，计算复杂度可以表示为 $O(n)$，其中 n 为节点个数。当线性表上的数量很大时，验证就需要花费很大的代价，那有没有什么方法能够降低验证的复杂度呢？答案是肯定的。

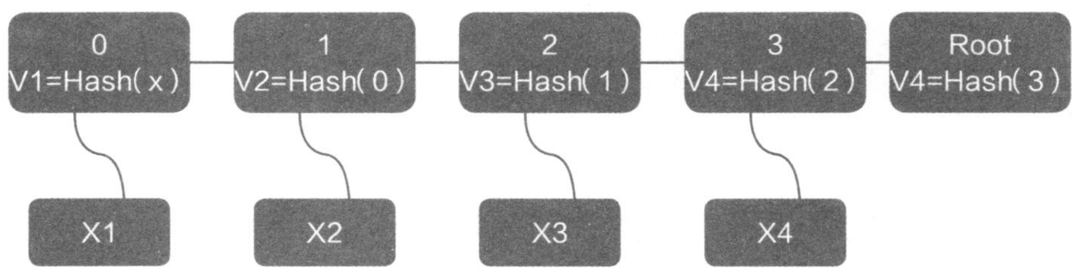

图 2-3　线性表网络示意图

图 2-4 所示为一棵 Merkle 二叉树，最底层的 X1、X2、X3 和 X4 是叶子节点 V1、V2、V3 和 V4 对应的数据，可以看作是区块链上当前状态前的 4 笔交易数据。V1 为数据 X1 进行哈希后的值，其他叶子节点同理。V6 为 V3+V4 后的哈希值，其他中间节点同理。所以它的主要特点就是：底层（叶子节点）数据的任何变动，都会逐级向上传递到其父节点，一直到 Merkle 树的根节点，使得根节点的哈希值发生变化。

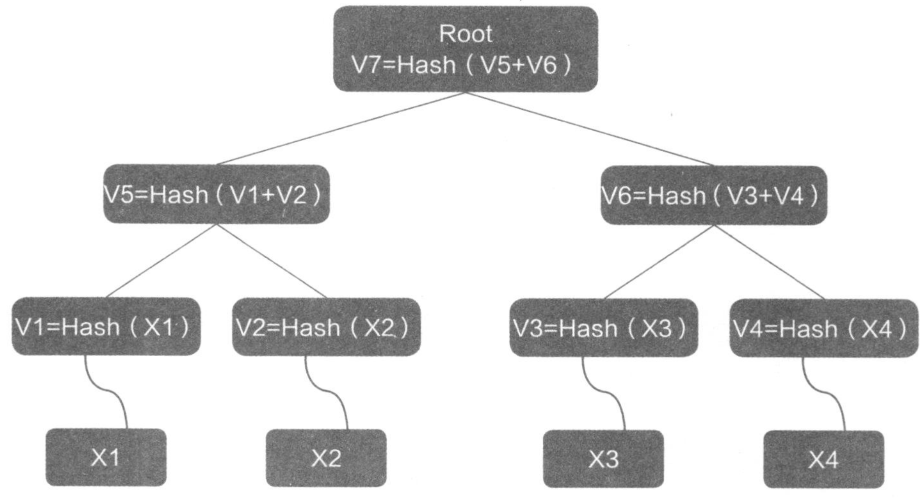

图 2-4　二叉树网络示意图

我们之所以选择使用Merkle树，是因为在这种二叉树中，要验证V2节点，只需要知道节点V1和节点V6，即使在节点数量级比较大的时候，其计算的平均复杂度为$O(\log_2 n)$，由此可见Merkle树极大地降低了数据验证的复杂度。这个哈希树，由一个根节点、一组中间节点和一组叶节点组成。叶节点包含存储数据或其哈希值，中间节点是它的两个子节点内容的哈希值，根节点也是由它的两个子节点内容的哈希值组成。从下往上，两两成对，连接两个节点哈希，将组合哈希作为新的哈希。新的哈希就成为新的树节点。重复该过程，直到仅有一个节点，也就是树根。根哈希就会被当做整个块交易的唯一标示，将它保存到区块头，然后用于工作量证明。

2.1.3 区块链技术框架

区块链就是一个分布式、有着特定结构的数据库，是一个有序、每一个块都连接到前一个块的链表。也就是说，区块按照插入的顺序进行存储，每一个块都与前一个块相连。这样的结构，能够让我们快速地获取链上的最新块，并且高效地通过哈希来检索一个块。

当前主流的区块链架构包含6个层级：网络层、数据层、共识层、激励层、合约层和应用层。图2-5将数据层和网络层的位置进行了对调，后面将进行详细介绍。

1. 网络层

网络层的主要目的是实现区块链网络节点之间的信息交互。区块链网络本质是一个点对点（Peer-to-Peer，P2P）的网络，网络中的资源和服务分散在所有节点上，信息的传输和服务的实现都直接在节点之间进行，可以无需中间环节和服务器的介入。每一个节点既接收信息，也产生信息，节点之间通过维护一个共同的区块链来同步信息，当一个节点创造出新的区块后便以广播的形式通知其他节点，其他节点收到信息后对该区块进行验证，并在该区块的基础上创建新的区块，从而达到全网共同维护一个底层账本的作用。当区块链网络中超过 51% 的用户对其验证通过以后，这个新的区块就会被添加到主链上，所以网络层会涉及 P2P 网络、传播机制、验证机制等的设计，显而易见，这些设计都能影响区块信息的确认速度，网络层可以作为区块链

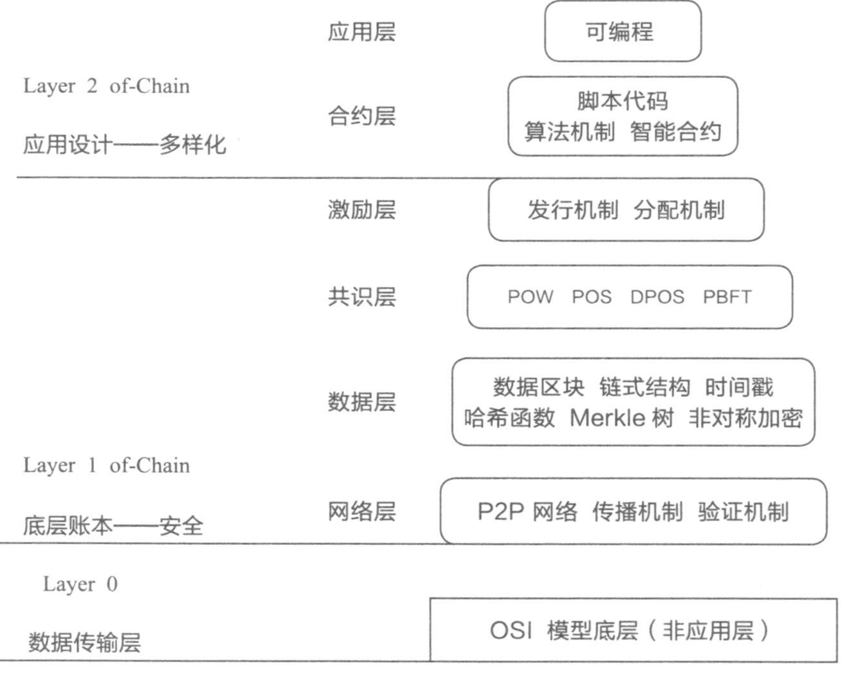

图 2-5 区块链技术框架图

技术可扩展方案中的一个研究方向。

2. 数据层

数据层是最底层的技术，主要实现了两个功能：数据存储、账户和交易的实现与安全。数据存储主要基于 Merkle 树，通过区块的方式和链式结构实现，大多以 KV 数据库的方式实现持久化，比如比特币和以太坊采用的 leveldb。账户和交易的实现与安全这个功能基于数字签名、哈希函数和非对称加密技术等多种密码学算法和技术，保证了交易在去中心化的情况下能够安全地进行。区块链的底层数据是一个区块 + 链表的数据结构，它包括数据区块、链式结构、时间戳、哈希函数、Merkle 树、非对称加密等设计。其中数据区块、链式结构都可作为区块链技术可扩展方案对数据层研究时的改进方向。数据层的系统模型有很多，比如比特币的 UTXO 模型、迅雷链的账户模型等。

3. 共识层

共识层能够让高度分散的节点在去中心化的系统中针对区块数据的有效性达成共识。主要的共识机制有 POW、POS、DPOS 和 PBFT 等，拥有代币的人可以参与节点的投票，被大家选出来的节点参与记账，一旦作弊就会被系统投出。它们一直是区块链技术可扩展方案中的重头戏。共识机制的作用主要有两个，一个是奖励，另一个是惩罚。

4. 激励层

它是大家常说的挖矿机制，用来设计一定的经济激励模型，鼓励节点来参与区块链的安全验证工作，包括发行机制、分配机制的设计等。例如，在比特币总量达到 2 100 万枚之前，比特币的奖励机制有两种：①新区块产生后，系统奖励的比特币；②每笔交易扣除的比特币（手续费）。而在比特币的总量达到 2 100 万枚后，新产生的区块将不再生产比特币，此时的奖励主要是每笔交易所扣除的手续费。

5. 合约层

合约层主要是指各种脚本代码、算法机制以及智能合约等。在第一代区块链时期，这一层其实是缺失的，它仅能进行交易，而无法用于其他的领域或是进行其他的逻辑处理。合约层的出现，使得在其他领域使用区块链成为现实。以比特币为例，它是一种可编程的数字货币，合约层封装的脚本中规定了比特币的交易方式和交易过程中所涉及的各种细节。这个层级的改进貌似给区块链可扩展提供了潜在的新方向，但结构上来看貌似并无直接联系。基于智能合约还可以构建区块链应用，不需要从零学习区块链技术就可以方便地开发自己的区块链应用（DAPP）。如基于以太坊公链，开发者可以使用 Solidity 语言开发智能合约，构建去中心化应用；基于 EOS，开发者可以使用 C++ 语言，编写自己的智能合约。

6. 应用层

这一层的主要作用是对区块链应用的展示。比如，以太坊使用的是 truffle 和 web3-js。区块链的应用层可以是移动端、web 端，或是融合进现有的服务器，把当前的业务服务器当成应用层。如基于区块链的跨境支付平台等，它也是去中心化应用 DAPP。一个完整的 DAPP 包含智能合约和 Web 系统，Web 系统通过接口调用智能合约。这个层级的改进貌似也给区块链可扩展提供了潜在的新方向，但结构上来看貌似并无直接联系。本层类似于计算机中的各种软件程序，是普通人可以真正直接使用的产品，也可以理解为 B/S 架构的产品中的浏览器端（Browser）。

因此，如果从结构上分析，区块链技术可扩展方案能够直接从网络层（P2P

网络、传播机制和验证机制）、数据层（数据区块和链式结构）以及共识层进行改进达到优化。从目前的情况看，对于众多用户来讲，除数字货币外，还找不到现成的区块链应用。如果想让区块链技术快速走进寻常百姓的生活，服务于大众，必须出现大量跟人们生活、娱乐工具相结合的应用。当前，一些公司搭建的区块链平台，如超级账本（Hyperledger Fabric）、R3 区块链联盟（R3CEV）、以太坊企业版等，均有独到之处。例如，以太坊经过数年的发展，应用场景已经多达上万个之多。

基于此，我们借鉴计算机网络分层管理、各层标准化设计的思想，将区块链与传统互联网 OSI 模型结合，建立区块链技术可扩展方案分层模型三个一级层级：Layer0 数据传输层，Layer1 On-Chain 公链自身（底层账本）层和 Layer2 Off-Chain 扩展性（应用扩展）层。

2.1.4 区块链技术面临的障碍

1. 公众的认知

我们将从最重要的挑战开始：区块链技术的公众认知。一些从业者认为，区块链产业潜力巨大，但从某种程度上来看目前还处在一个相对初级的阶段。瑞士“猎户座”公司联合创始人约阿娜·帕夫卢克认为，区块链产业目前发展的最大挑战是公众认知问题，公众只有真正了解这一技术之后才能认识到区块链的优势。

帕夫卢克说，她的团队正在研发的线上平台，旨在把艺术品制作成唯一的高清数字版本，通过智能合约对其所有权实现区块链化。借助区块链技术让交易更透明和可信，也可以让更多不太熟悉这一领域的普通人参与。

能够有效规避人与人之间的信任风险被认为是区块链的优势之一。韩国大学教授吴圭文说，无论是传统方式还是互联网交易，信任已经成为最大的难题，区块链技术的出现解决了这一问题。

对大多数人来说，区块链技术与比特币基本上是一样的，这是一个非常普遍的误解，因为前者是一个点对点、分散的支付系统，后者是一项潜力巨大的技术，它甚至让我们这一代人中最聪明的人都感到吃惊。简而言之，我们还需要几年时间才能让人们接受数字货币的概念，并意识到我们现在使用的典型法定货币的局限性。

既然我们谈到了这个话题，还有一个事实就是加密货币在过去的几年里名声不好。区块链的匿名特征吸引了许多犯罪组织。这些加密技术现在是黑暗网络的主要支付手段，而像 Monero 和 Zcash 这样面向隐私的加密货币则是最受欢迎的。不仅如此，在过去的几年里，这个领域里已经有了太多的黑客和骗局。从黑客攻击、诉讼到数量惊人的假冒 ICO，所有这些状况都容易让人们将区块链技术与犯罪活动联系起来，这对于区块链技术是非常不利的。区块链产业发展目前面临着许多难题和挑战，只有应对好这些问题才能够使区块链真正走入人们的现实生活。比如，区块链项目大规模涌现，但良莠不齐，真伪难辨。专家提出，区块链技术本身难以理解且更新速度快，相关法规制度的制定难度较大，需要从业者加强与政府的沟通，协助政府和公众了解这一技术并制定相关政策。

2. 去中心化的利弊

从技术体系结构来看，区块链有一个重要的特点，那就是去中心化，这既是区块链的特点，也是区块链技术进行落地应用的最大障碍之一，也可以看成是一个“缺点”。

去中心化容易导致依托于区块链技术的产品无法形成一个权威的信用背

书，这对于当前很多业务模式来说存在巨大的转型风险。在商业领域，这一风险尤其需要关注。

区块链技术在进行落地应用的过程中，人们对“中心化”这一问题进行了广泛的讨论。一部分人认为“去中心化”是区块链技术的核心，如果违背了这一核心，那么区块链技术将失去其重要的价值依托；另一部分人认为，完全的“去中心化”使得区块链的落地应用存在巨大的障碍，也存在巨大的风险。

目前基于区块链技术的开源产品往往都会基于完全的“去中心化”方式，而在实际的落地应用领域，区块链技术则有一定的调整，其中加入了一定中心化管理的设计，重点在于两个方面，一方面是进行“价值认证”，另一方面是控制规模，当然这个“度”在具体的把握上也有一定的难度。

3. 缺乏有效的监管

区块链的实业化，是我国产业转型升级、科技落地的重要探索，在这一过程中需要加强监管，警惕风险，防止借技术名义进行炒作。当然，2017 年和 2018 年的绝大多数加密货币行业新闻都暗示了全球各地对加密货币的监管，但事实是，加密空间仍然没有受到太多监管。人们害怕使用加密货币，因为这可能会导致他们失去投资，原因在于出现问题时没有一方可以被追究责任。这也是许多大型机构和政府不愿意接受加密货币的原因之一，因为创建这些类型的框架是一个非常烦琐和昂贵的过程，可能会产生各种人们不希望看到的结果。随着数字化发展进程的加速，个人隐私的价值也在急速增长，相关问题需要得到国家的重视，这是能否对区块链等去中心化发展模式进行有效监管的重要抓手。简而言之，尽管区块链技术提供了各种好处，但仍然没有传统意义上的“安全性”。

对于每一位投身区块链行业中的人来说，都会存在混乱与不确定性。区块链是一个了不起的技术，影响了许多领域，而且不同偏好的监管将来自各个方面，这会增加混乱。

对于区块链的监管终将会到来，但晚比早要好。监管者需要看到的一个根本性的范式转变是如今的信任更加开放，而且监管者通常要监管“不受中央控制”的人。信用的本质正在发生变化，但是监管者已经习惯了监管“信用提供商”。当信用提供商是区块链，或者是一种新型的不符合以往中心化瓶颈监管模式的中介时，监管者能否学会调整？具体来说，区块链从本质上是分布式的，因此比起中心接口来说，很难进行监管。所以，我们需要看到监管方面的创新，从而使区块链得到认可。

4. 链上信息一致性的难题

区块链技术能够保障链上记录数据的真实性、完整性和不可篡改性，但在涉及线下承兑、线上上传、实物交付、虚实对照等场景时，难以覆盖业务流程的所有阶段，这是人为操作过程中不可避免的，从而可能导致链上数据和链下资产实际信息不一致的问题。

例如，在基于区块链技术的数字票据应用场景中，利用区块链技术能够保证链上数据的完整性和不可篡改性，确保业务流程公开、透明，但无法保证链下真实数字票据的承兑情况与链上数据保持一致。

解决该问题可借助物联网等技术手段，在链外信息数字化上链过程中，减少人为干预，保证相关信息真实可靠。

5. 缺乏统一的应用标准

有趣的是，尽管区块链技术诞生至今已有 10 余年，人们对于这样一个广为传播的概念却很难真正理解，或者说，没有达成统一解读——到底什么是区块链，区块链技术需要具备哪些特点、最终实现什么样的功能，如何对区块链具体应用进行评测，可信区块链的信任机制如何建立等现实问题，依然没有形成具体的标准。

区块链平台性能受网络环境、节点数量、共识算法、业务逻辑等因素影响较大，部分区块链服务供应商往往会夸大宣传，金融机构难以判断不同区块链平台性能、安全性等方面的优劣，给技术选型、应用场景选择带来困难。另外，区块链技术在应用、安全、互通等方面也缺少标准，一定程度上影响区块链技术的跨链互联、场景拓展和产业合作。

2.2 区块链经济学思想

著名经济学家、中国经济论坛创始人、中国资本论坛秘书长、第五届中国资本论坛执行主席董志龙在人民传媒区块链研究中心座谈会上就区块链经济学发表了独家观点。

董志龙提出，区块链经济学是继人工智能经济学、量子信息经济学、移动通信经济学、物联网经济学产生后又一智慧社会的经济学。区块链技术与各行各业深度融合，为提高和防范互联网作恶抬高门槛，减少了互联网监管成本。区块链经济学是以创新创造社会价值，赋能实体经济技术革新和变革为核心的新经济模式。无论从当前还是长远、从中国还是全球来看，区块链经济学会成为体量最大的经济学研究。互联网世界的公平性、公正性、价值性、安全性等要素产生的经济学参数，是产业技术革新和变革的基础，也是最快、最便捷、最优质的联通世界、打破人为形成贸易壁垒的有力技术手段。区块链经济学能够通过分布式数据存储、点对点传输、自动共识机制、加密算法技术、设置激励机制、去中心化人为影响、资源优化共享技术，达到区块链经济学优于其他新经济学模式，形成信息+价值+信任互联网的新经济发展业态。

董志龙指出，区块链经济学的研究是伴随互联网技术革新和技术变革应运而生的新经济模式研究，是数字、技术、金融、信用、质量、风险防范、价值、效益高度融合的经济学，优化运营成本，提升协同能力，催生产业产品区块链、消费积分区块链、股权区块链、物流区块链、质量追溯区块链、商品防伪区块链等区块链经济的新业态。区块链经济学，为中国特色社会主义理论发展提供了新思想新内容，为推进国家治理体系和治理能力现代化提供了新技术新路径。中国区块链经济学为解决单边贸易主义抬头和贸易壁垒、贸易争端提供了中国方案。

2.2.1 区块链的经济学基础

1. 区块链的经济学理论

针对区块链系统经济学理论基础的分析，《区块链经济学》一书中的观点比较具有代表性。书中指出，“区块链是一种新的制度技术，使新型合同和组织成为可能，这也表明可以将其置于新制度经济学的分析框架下。”科斯在他的代表作《企业的性质》中对新制度经济学进行了解释，将其称为交易成本经济学，即通过市场交易成本的观点来解释企业存在的原因。后期有学者在科斯的理论观点基础之上，提出了人们在市场、企业或政府之间的生产和交换行为取决于这些机构间交易成本的差异。由此可见，交易成本理论的观点是围绕“交易”而展开的，组织和市场是经济协调机构，即组织并完成交易，因此，经济体系中有效的组织机构组合将由寻求节约交易成本的代理商组成。

此外，基于交易成本经济学的理论基础，人们在对区块链表现出浓厚兴趣的同时，对于区块链能否在经济体系中与企业和市场竞争，能否与企业、市场互为替代的治理机制更为关注。如果增加一些法律法规、集体决策规则和程序，便可以将区块链看作是一种用于制造“自发秩序”的治理技术，或规则主导的经济秩序。因此，关注政治、政府和集体行动的公共选择理论也为区块链提供了重要的理论基础和分析依据。

2. 通证与通证经济

通证（Token）打开了进入区块链新世界的大门。Token 一直以来被不恰当地翻译成“代币”，更加准确的翻译应是“通证”，即“可流通的加密数字权益证明”。“流通”和“权益证明”就是通证的基本属性。除此之外，Token 还有第三个属性——价值。Token 必须是价值的载体和形态，因此 Token 可以被定义为“可流通的价值加密数字凭证”。

通证需要具备三要素：权益、加密、流通，缺一不可。数字权益证明：通证必须是以数字形式存在的权益凭证，它代表一种权利，一种固有和内在的价值。加密：通证的真实性、防篡改性、保护隐私等能力，由密码学予以保障。可流通：通证必须能够在一个网络中流动，随时随地可以验证。通证与区块链是两个不同的概念，但是彼此之间是最佳拍档。我们都知道，通证是区块链最具特色的应用，不发通证的区块链，比一个分布式数据库好不了多少。我们可以这样理解，区块链是后台技术，而通证是前台经济形态，两件事情完全独立，但是当通证与区块链结合的时候，它能够产生一种突破边界的能力，能够促进生产关系的重构，带来的不是效益的优化，不是模式的改善，而是生产角色的转化和生产关系在架构上的颠覆。

“Token Economy”，翻译过来就是“通证经济”，直译过来就是把通证充分用起来的经济。通证启发和鼓励大家把各种权益证明（比如门票、积分、合同、证书、资质等等）全部拿出来通证化，放到区块链上流转，让市场自动发现其价格，同时这些是在现实经济生活中可以验证和消费的东西。相比传统市场经济的资源配置方式，通证经济实际上就是通证分配方式的经济行为。在这些经济行为中，一些重要的价值、权益都被通证化，借助于区块链或者可信的中心化系统使这个体系得以运行，把数字管理发挥到极致。一方面，区块链的加密共识机制，能够保证通证在区块链上流通时的安全性和可信性；另一方面，通证在区块链运行中的交易流转能够使区块链系统中各主体间的财富流通。因此，在未来可以更多地尝试在区块链系统中设计并应用通证经济系统。

3. 区块链运行的经济规则

区块链实现了信息的传输与价值转移问题，那么在区块链系统中，如何对节点之间进行的交易进行约束与监督？其中共识机制的作用不容忽视，并成为区块链系统运行的核心经济规则和竞争约束。通过区块链定义及其特点可知，在区块链系统中关于信息的传输、交易的进行、数据的录入和更新都要求其他节点对请求变更节点的信任，并同步该节点生成区块链，同时让其获得通证奖励，这就是共识机制的重要作用。为整个区块链系统建立了共同遵守的信任和激励机制。从经济学角度而言，就相当于经济中的成本投入和收入分配，共识机制解决了在无须事先信任的系统中，参与点对点系统并确保交易中节点间的信任问题。

在共识机制中，有学者建议使用区块链建立一个分散的信誉网络来解决有关信任的建立问题。在这个网络中，直接信任和间接信任均通过货币承诺来表达。为了说明这种方法的功能和有效性，他们应用博弈论证明分散的信誉系统是有抵抗力的。后期也有其他学者提出使用智能合同来记录历史交易行为，这种方法建立在用户倾向于与可信用户之间进行交易的隐含假设之上，他们验证了区块链的分散性、不可变性及信息披露特征有助于帮助抵御各种攻击，包括双重注册、陈腐信息或拒绝服务等。这些研究充分表明，区块链的去信任化属性是建立在其具有整合协同作用的技术之上，如共识协议及智能合同自动化服务的能力等。

2.2.2 区块链经济的初步形成

1. 从区块链到区块链经济

区块链技术可以说是信息技术的一场变革。这种变革也体现在数字信息的公共数据库的新技术上，实际上可以被更好地理解为协调人的机制或社会的技术，是在机构、组织和治理中的一场革命。所以有一些学者从新制度经济学和公共选择理论的角度来探讨区块链相关问题，而不是仅仅因为区块链支持比特币技术就简单地从货币经济学或信息、创新和技术变革经济学角度进行研究。

正如《区块链经济学》中提到："区块链作为一种新技术，是密码学的产物，是数字货币设计中解决问题的一种方案。这就将区块链界定在了信息和新技术经济学或货币经济学的范畴之中，但它能够迅速脱离这个框架而成为分散化的技术，这就使其成为经济学研究的对象，即组织和市场的新竞争对手。"也有学者指出，区块链经济将区块链与经济学相结合，从而可以通过分布式的经济网络上流动的交易数据了解经济主体如何在市场范围内进行交易，以及他们之间的相互作用对经济生态系统产生的影响。由此，逐渐有一些学者开始在区块链的经济学脉络和解释的基础上，进一步界定区块链经济的内涵。

2. 区块链经济的初步界定

从不同的角度来理解，对于"区块链经济"的提法也会不同。在现有的成果总结中，主要是将微观经济理论在区块链分析和研究中进行运用，区块链技术是运行在"加密经济学"基础之上的。有学者提出了加密经济学的新概念，以经济学的视角分析密码学，并定义为“研究分散的数字经济中商品和服务的生产、分配和消费的管理协议的一门正式学科。后来还出现了“经济上的密码”一词，用来指代所有使用经济激励来确保运行，而不会出现倒退或发生任何其他故障的分布式加密协议。此外，又有学者提出了“加密经济”的定义，即一种不受地理、政治和法律制度约束的经济制度，其中，区块链平台能够替代传统的受信任的第三方，对分布式公共数据库中所有的交易行为进行约束。这些概念的形成使加密经济学成为微观经济学机制设计的一个分支，并与新制度经济学和公共选择理论相结合，为区块链经济提供了重要的理论依据。

《区块链经济学》一书中将“区块链经济”译为“Blockchain economy”，并对区块链的经济意义及其优势进行了论述，明确指出，复杂系统进化的基本发展模式是从集中到分权。系统从集中开始，因为这是创建知识结构的最有效的方式。集权能够最大限度地减少重复并建立清晰的层级结构，可以裁决争议，这些特征也意味着集权成本的累积和权力带来的剥削，在具体的经济活动中表现为通货膨胀、腐败和寻租。集权化累积的成本增加而分散化的成本却相对平稳，最终，随着技术的进步，适应性和差别性的选择促使系统逐渐向分散化发展。所以我们可以认为，分散化能够使系统更加强大、安全、灵活、有效。

综上，本节认为区块链经济的研究重点应基于区块链的去中心化特征，运用经济学的理论思路分析区块链经济的发展规律，以促进区块链与社会经济的有效融合。

2.2.3 区块链经济意义分析

1. 降低交易成本，提高经济效益

交易成本，包括信息收集的成本、谈判成本、合约成本、执行成本等。市场、公司和国家的出现在一定程度上降低了交易过程中存在的成本。例如，在公共产品的生产和分配问题上，国家的统筹规划使得交易成本大大降低，在资源的高效配置上起到重要作用。但在复杂的背景环境中，处理任何事都要签订烦琐的契约，那么国家在执行层面上的成本又将提高。银行作为一个第三方机构，它能提供服务，降低交易双方搜索、沟通、信任等的成本，迅速将需要融资和投资的用户匹配。但银行同时作为一个盈利机构，其服务费相当高，对于用户而言，成本问题依然存在。

区块链技术通过密码学和计算机技术等科技手段来降低中介费用，提高实体经济的运作效率。而对于那些因为第三方机构致使交易成本居高不下的领域，区块链技术能够完美地实现“去第三方化”，利用智能合约和数字货币实现自动化执行。这里的货币是广义上的货币，可以是货币，也可以是双方之间的信用，甚至是独特的价值共识。智能合约整合了双方的价值共识之后，通过区块链实现有条件的触发、执行，这相当于双方作出的相关承诺。对于用户而言，当使用区块链应用程序（如比特币）进行传输时，无需考虑操作和维护成本，只需要支付很少一部分转账费用（矿工费用）就可实现付款，大大降低了用户的交易成本。

除了交易成本，我们还需要考虑社会成本。在整个社会成本中，最核心的就是信任成本。当信任成本降低了，整个社会的交易成本就会降低，资源配置的有效性会大大提高，至此国家的财富才算真正增长了。其中，区块链

技术无法伪造、不可逆转等特点，能够降低“非市场性交易成本”，即信任成本，这其中包括追溯产权、完成和备案文书、办理官方流程手续、解决争议等。违约、欺骗等机会主义行为可以通过一定的制度进行约束，但却无法做到完全消除，而区块链技术可以解决交易双方的信任问题，能有效降低交易成本，提高社会经济效益。

2. 减少信息不对称，解决信用问题

杂志《经济学人》中一篇名为“比特币背后的技术可能改变经济运行模式”的文章中提到：“区块链让相互之间毫无信任的人不必再通过一个中立的中央权威互相合作。简单地说，这是一台用于创造信任的机器。”我们可以理解为，区块链打造的是一种基于“机器信任”的冷酷机制，它是“一根如实记录事实的大型链条”。

如何理解信任？信任是一种预期和期望。通过信息收集与判断，人们对事件的发生发展做出预判，但是关于交易双方的内在想法只能获取到一些不完全信息。尽管如此，人们仍然需要判断和信任。交易是经济活动中最基本的内容，达成交易通常需要两个条件：一是找到交易对象，二是交易双方沟通信息并实现互相信任。淘宝之所以取得成功，就是因为其解决了交易双方见面与支付的问题。但是由于平台存在假货、刷单行为等，信用问题仍然无法解决。而信用问题的根源就在于交易双方所掌握的信息是不完全对称的，从而导致一系列不公平交易、道德风险、寻租、逆向选择等制度失灵和市场失灵的现象。

一方面，区块链这台机器中记录的数据信息不会更改；另一方面，它将在收到指令时自动执行，这就减少了交易过程中的信息不对称，解决了信用问题。区块链信用协议的重点内容是交易不可逆转、数据不可更改。应该指出的是，信用在这里有两层含义。

第一层是信任，解决的是交易行为的诚实问题。工作量证明和权益证明等共识机制的发明消除了对可信第三方的依赖，并通过分布式网络保证了交易的真实可靠性，这也消除了双重支付的可能性。

第二层是信用，解决的是交易双方的诚实问题。区块链信用是真实可靠的，允许两个陌生人相互交易，或完成复杂的智能合约行为，如借贷和担保交易等。本质上，区块链时间戳所起到的作用是区分真实交易行为与类似刷信用的欺骗行为。

区块链“公共账本”具备的透明性和不可篡改性，可以使交易不必经过中介机构也能安全记账。无论哪种交易，记录可信都至关重要，而区块链能满足记录可信这一要求，因此区块链有很多用途。区块链这个分布式加密账本，可用于记录几乎一切有价值和重要的事情与信息，如合同、教育学位、金融账户、医学流程、保险偿付等，这对人们的经济活动能够产生深远影响。

3. 保障安全和隐私，实现价值转移

互联网是可以有效传递“信息”的互联网，而区块链则是能够高效传输“价值”的互联网。

在互联网的世界里，我们可以很方便快速地生成信息，并且将其轻易复制到任何一个地方，所有的信息在互联网上都是可以高效传播的，也正是因为如此，随着互联网的高速发展和普及，我们进入到了一个信息爆炸的时代。而为了满足人们对各种爆炸式信息的渴求，信息传输技术开始遍地开花，并且不断创新，比如我们常见的云盘、断点传输技术等等。

尽管互联网的发展使得信息的传播更加便捷和快速，而且很多信息仅仅是通过简单的复制粘贴就可以使用，互联网又被称为一条信息高速公路，但是一些特殊的信息却无法通过这条高速公路进行传播，比如货币。或许正是为了解决这个问题，区块链开始进入人们的视野。简单来说，区块链是一种价值传输的网络。

在此我们解释一下价值转移这个概念，比如想要将一部分的价值从A转移到B，那么就必然要求从A减少多少，B就增加多少。在整个转移的过程中，涉及A和B这两个独立的参与者，那么这个过程就必然要求同时得到A和B的认可，而且最终的结果还不能受到A和B任何一方的操控，目前的互联网协议是不支持这种价值转移的功能的，因此目前的价值无法直接进行传输，而是需要一个中心化的第三方来做信用背书。

现实中的第三方信用机构由于人的参与，整个系统多少存在一些不可信。因此，一个基本的问题产生了——怎样才能达到信用共识？区块链技术允许在网络上实现高度开放和保护隐私的特性，因此，通过区块链技术我们可以在一个开放的平台上进行远距离的安全支付，并且保存所有的历史交易记录。在整个交易的过程中，网络上所有的参与者都保存有一份完全相同的账本，一旦对账本上的某个数据进行修改，所有的副本数据很快就会同步修改完毕。并且这种分布式的账本中的每一笔交易都有一个独一无二的时间戳，很好地避免了重复支付的产生。通过区块链，我们可以构建起一种纯粹的点对点价值转移体系，在不需要各节点互信的情况下，区块链保证了系统之内数据记录的完整和安全，并且不需要第三方的信用背书，极大地降低了交易过程的复杂程度和风险。

第 3 章

矿池产业投资生态

3.1 矿机简述

矿机，就是用于赚取比特币的电脑。这类电脑一般有专业的挖矿晶元，多采用烧显卡的方式工作，耗电量较大。用户用个人电脑下载软件然后运行特定的演算法，与远方伺服器通讯后可得到相应比特币，是获取比特币的方式之一。

任何一台电脑都能成为挖矿机，只是收益会比较低，可能十年都挖不到一个。很多公司已经开发出专业的挖矿机，这种搭载特制挖矿晶元的矿机，价格要比普通的电脑高几十倍或者几百倍。

挖矿已由最开始的 CPU 挖矿，过渡到 GPU 挖矿，最终演化到当前的 ASIC（专业矿机）挖矿时代，我们结合比特币价格、哈希算力、哈希难度以及以太坊价格梳理出了矿机发展历史。

3.1.1 各代矿机简述

1. 一代矿机

一代矿机主要依靠 CPU 在比特币发展初期挖矿，难度较小，因此大部分个人 PC 直接挖矿的收益都大于功耗（如挖矿产生的电费、机器的耗损等）。不过后来因为 GPU 的大量普及运用，聪明的矿工发现这个路子，就马上换成了 GPU。

（1）优点：容易组装，成本低。

（2）缺点：算力过低，毫无竞争优势，现在全网算力那么高，用 CPU 矿机挖矿获得比特币的概率估计比中彩票还低。

2. 二代矿机

二代矿机主要依靠 GPU，随着全网挖矿难度的不断增加，普通的 CPU 运算速度已经无法满足高难度的挖矿算法，于是一块或者多块较高端的显卡组装的挖矿设备就诞生了。

图 3-1 所示的主板，就是 GPU 矿机用的，它的特点是一个主板可以插多个 GPU 同时提供算力，而且因为图形设计和大型游戏的需求，很多显卡配置已经非常高了。

（1）优点：可以集中提供大算力。

（2）缺点：价格过高。

图 3-1　主板可插多个显卡

3. 三代矿机

三代矿机主要依靠专业矿机，相比电脑 CPU、显卡挖矿，FPGA 挖矿的时代特别短暂，仅存半年时间。2013 年年初，南瓜张研发了第一台 FPGA 矿机——南瓜机，开启了 FPGA 挖矿的新纪元。ASIC 芯片也开始了一轮又一轮的进化，从 110 nm 到 55 nm，从 55 nm 到 28 nm，从 28 nm 到 16 nm。

ASIC 芯片，挖矿芯片的代名词，只能说 ASIC 矿机（见图 3–2）中的 ASIC 芯片只是 ASIC 各种用途的芯片中的一种。它的定义是为了专门目的而设计出来的专用芯片（集成电路），功能单一。简单地说，专门的人做专门的事，而这个就叫做专门的芯片做专门的事。比那些从个人电脑中拿过来用的 CPU 和 GPU 具有更专业、更高效的运算能力，同时，大批量的定制也让 ASIC 相对于显卡得以非常低廉的成本产出。同等算力下，虽然 GPU 芯片的使用数量少于 ASIC 芯片，但 ASIC 芯片的灵活运用、非常具有竞争力的价格，让显卡矿机也无法对抗。这就是人类利用科学技术不断争取利益最大化的产物。

（1）优点：成本低、能耗低。

（2）缺点：进入门槛高，催生了让很多人忧虑的矿霸问题。

图 3–2 ASIC 矿机

4. 四代矿机

四代矿机主要依靠矿池，低算力的矿工在每个块里的优势越来越低，只有很小的概率获得份额，于是“矿池”这个神奇的东西就出现了。矿池就是集中大家的算力，相对于算力单薄的其他矿工来说能够有更大的概率出块，大家分得的份额也就更多。

3.1.2 矿机的发展

矿机的价格随着数字货币的涨跌变动，数字货币火爆全球时，矿机大行其道。以数字货币矿机为例，比特大陆以 66.6% 的市场份额排全球第一名；2017 年嘉楠耘智交付了 29.45 万台矿机，按交付量计的市场份额为 20.9%，排全球第二名；亿邦国际则排全球第三名。

2015—2017 年也是矿机厂商爆发增长的黄金三年。短短三年时间，比特大陆、嘉楠耘智、亿邦国际等三家主流矿机厂商营收复合增长率均超过了 300%。在 2018 年年底三家公司全部在香港提交 IPO 申请，虽然最终被拒，2019 年 7 月比特大陆、嘉楠耘智再次向美国证券交易委员会提交 IPO 申请。

矿机面市之前，矿工普遍用显卡矿机来挖矿，高性能的电脑显卡可以显著提升算力，而显卡供应远小于需求。显卡厂商英伟达曾受益于矿工的挖矿热情，这一度导致英伟达的老客户、游戏玩家无法买到高端显卡。矿机的唯一用途是挖矿，矿机厂商设计出专门挖矿的芯片，使矿机算力远超普通显卡，中国企业有着该领域绝对的话语权。拓展市场的同时，矿机厂商的毛利率也在提高。以嘉楠耘智为例，公司毛利率由 29.1% 增长至 46.2%。但在 2018 年下半年，矿机价格随着比特币币价的走低而下降，单台矿机利润低至 10 元，矿机市场遇冷，部分矿机经销商甚至转行。

矿机厂商面临的最大风险是生产矿机并非一门可持续的生意。华强北一位显卡零售商透露，当矿工买走多数显卡时，英伟达并没有就此开拓矿机市场，而是对经销商下发通知，必须优先向游戏玩家供货。显而易见的是，英伟达认为老客户游戏玩家会为公司持续贡献收入，而风口上的矿工则未必。

火币集团高级研究员马天元表示，对矿机厂商来说，数字货币步入主流社会是机会也是挑战。产能和芯片是矿机厂商的核心竞争力，能限制小型玩家的入场，但传统芯片行业巨头可以冲破这些门槛，甚至实现弯道超车，巨头亲自下场后矿机厂商将面临巨大压力。用矿机挖矿也并非数字货币产生的唯一方式，马天元表示，“未来会有更多元的激励机制，现在已经涌现了很多行为挖矿方式。激励机制本质上是鼓励矿工维护网络和全节点的手段。”

3.1.3 矿机型号与回本周期

从市场结果来看，截至 2019 年，当前市场上收益排名首位的是方尖碑 SC1 冷却型矿机，挖 SC 币，日收益 330 元，可惜该款机型不针对国内市场，国内朋友恐怕是很难买得上了。排名第二位、第三位、第四位的矿机分别是 SPONGDOOLIES SP*36、SC1dual、ASICminer Zeon，这三款机型也都不针对国内市场。

国内市场主流挖矿机分别是蚂蚁、阿瓦隆、神马、翼比特、雪豹等矿机，我们以 2019 年 12 月的数据为例，对目前主流市场的矿机种类及型号进行分析。表 3-1 和表 3-2 中的数据分别是对比特币与以太坊做出的成本、收益、回本周期的数据对比。

表 3-1 以比特币为例进行数据分析

比特币价格：51 826.64 元 /BTC　　电价：0.3 元 / kW · h							
型 号	矿机报价 元	矿机算力	日产出	功率 W	电费 （元 / 天）	净收益 （元 / 天）	静态回本周期 / 天
蚂蚁 S9K	800.00	14 Thash	14.41 元 / 天 0.000 278 04 BTC/ 天	1 190	8.57	5.84	137
BLACK-F1+	15 050.00	82.6 Ghash	85.02 元 / 天 0.001 640 44 BTC/ 天	1 054	7.59	77.43	195
BLACK-F1	9 450.00	46 Ghash	47.35 元 / 天 0.000 913 56 BTC/ 天	570	4.10	43.24	219
蚂蚁 T17e	8 250.00	50 Thash	51.46 元 / 天 0.000 993 BTC/ 天	2 715	19.55	31.92	259
蚂蚁 T17 42T	6 930.00	42 Thash	43.23 元 / 天 0.000 834 12 BTC/ 天	2 310	16.63	26.60	261
阿瓦隆 1146	9 520.00	56 Thash	57.64 元 / 天 0.001 112 16 BTC/ 天	3 192	22.98	34.66	275
神马 M10	5 200.00	33 Thash	33.97 元 / 天 0.000 655 38 BTC/ 天	2 150	15.48	18.49	282
蚂蚁矿机 S17e	11 700.00	60 Thash	61.76 元 / 天 0.001 191 6 BTC/ 天	2 880	20.74	41.02	286
阿瓦隆 1026	5 600.00	35 Thash	36.02 元 / 天 0.000 695 1 BTC/ 天	2 415	17.39	18.64	301
阿瓦隆 1066	8 500.00	50 Thash	51.46 元 / 天 0.000 993 BTC/ 天	3 250	23.40	28.06	303
阿瓦隆 A1047	6 290.00	37 Thash	38.08 元 / 天 0.000 734 82 BTC/ 天	2 442	17.58	20.50	307
熊猫 P3	8 580.00	44 Thash	45.29 元 / 天 0.000 873 84 BTC/ 天	2 550	18.36	26.93	319

续表

型号	矿机报价/元	矿机算力	日产出	功率/W	电费（元/天）	净收益（元/天）	静态回本周期/天
蜜蜂矿机 B2S	8 100.00	37 Thash	38.08 元/天 0.000 734 82 BTC/天	1 776	12.79	25.30	321
神马 M21S-54T	10 692.00	54 Thash	55.58 元/天 0.001 072 44 BTC/天	3 240	23.33	32.25	332
阿瓦隆 1166	15 640.00	68 Thash	69.99 元/天 0.001 350 48 BTC/天	3 196	23.01	46.98	333
神马 M21	5 810.00	28 Thash	28.82 元/天 0.000 556 08 BTC/天	1 600	11.52	17.30	336
蜜蜂矿机 B2T	4 500.00	21 Thash	21.61 元/天 0.000 417 06 BTC/天	1 155	8.32	13.30	339
神马 M20S-68T	16 415.00	68 Thash	69.99 元/天 0.001 350 48 BTC/天	3 264	23.50	46.49	354
神马 M20S-65T	15 691.00	65 Thash	66.9 元/天 0.001 290 9 BTC/天	3 120	22.46	44.44	354
神马 M20S-62T	15 004.00	62 Thash	63.82 元/天 0.001 231 32 BTC/天	2 976	21.43	42.39	354
阿瓦隆 A921	3 050.00	20 Thash	20.59 元/天 0.000 397 2 BTC/天	1 700	12.24	8.35	366
神马 M20	11 470.00	45 Thash	46.32 元/天 0.000 893 7 BTC/天	2 160	15.55	30.77	373
阿瓦隆 A911	3 050.00	18 Thash	18.53 元/天 0.000 357 48 BTC/天	1 440	10.37	8.16	374
猎豹 F5I	15 380.00	60 Thash	61.76 元/天 0.001 191 6 BTC/天	2 880	20.74	41.02	375
雪豹 A1 49T	1 700.00	49 Thash	50.43 元/天 0.000 973 14 BTC/天	6 400	46.08	4.35	391

续表

型号	矿机报价 元	矿机算力	日产出	功率 W	电费 (元/天)	净收益 (元/天)	静态回本周期/天
蜂鸟 H7 Pro 48T	10 560.00	48 Thash	49.41 元/天 0.000 953 28 BTC/天	3 120	22.46	26.94	392
蜂鸟 H7 Pro 53T	11 660.00	53 Thash	54.55 元/天 0.001 052 58 BTC/天	3 445	24.80	29.75	392
神马 M21S-56T	13 172.00	56 Thash	57.64 元/天 0.001 112 16 BTC/天	3 360	24.19	33.45	394
蚂蚁 S9 Hydro	2 400.00	18 Thash	18.53 元/天 0.000 357 48 BTC/天	1 728	12.44	6.09	395
猎豹 F5	11 000.00	40 Thash	41.17 元/天 0.000 794 4 BTC/天	2 080	14.98	26.20	420
阿瓦隆 A841	1 750.00	13 Thash	13.38 元/天 0.000 258 18 BTC/天	1 290	9.29	4.09	428
猎豹 F5M	13 880.00	53 Thash	54.55 元/天 0.001 052 58 BTC/天	3 180	22.90	31.66	439
芯动 T3+	15 341.00	57 Thash	58.67 元/天 0.001 132 02 BTC/天	3 300	23.76	34.91	440
芯动 T2T 26T	5 237.00	26 Thash	26.76 元/天 0.000 516 36 BTC/天	2 100	15.12	11.64	450
蚂蚁 S9 SE	3 350.00	16 Thash	16.47 元/天 0.000 317 76 BTC/天	1 280	9.22	7.25	462
芯动 T3	13 759.00	50 Thash	51.46 元/天 0.000 993 BTC/天	3 100	22.32	29.14	473
翼比特 E12	13 200.00	44 Thash	45.29 元/天 0.000 873 84 BTC/天	2 508	18.06	27.23	485
翼比特 E11+	11 470.00	37 Thash	38.08 元/天 0.000 734 82 BTC/天	2 035	14.65	23.43	490

续表

型号	矿机报价 元	矿机算力	日产出	功率 W	电费 （元/天）	净收益 （元/天）	静态回本周期/天
翼比特 E12+	16 500.00	50 Thash	51.46 元/天 0.000 993 BTC/天	2 500	18.00	33.46	494
翼比特 E11++	15 400.00	44 Thash	45.29 元/天 0.000 873 84 BTC/天	1 980	14.26	31.03	497
翼比特 E11	8 400.00	30 Thash	30.88 元/天 0.000 595 8 BTC/天	1 950	14.04	16.84	499
阿瓦隆 A821	1 510.00	11 Thash	11.32 元/天 0.000 218 46 BTC/天	1 200	8.64	2.68	564
蚂蚁 S9J 14.5T	3 620.00	14.5 Thash	14.92 元/天 0.000 287 97 BTC/天	1 350	9.72	5.20	696
芯动 T2T 24T	7 922.00	24 Thash	24.7 元/天 0.000 476 64 BTC/天	1 980	14.26	10.45	759
蚂蚁 S9 13T	—	13 Thash	13.38 元/天 0.000 258 18 BTC/天	1 300	9.36	4.02	—
蚂蚁 S9 13.5T	—	13.5 Thash	13.9 元/天 0.000 268 11 BTC/天	1 350	9.72	4.18	—
蚂蚁 T9+	—	10.5 Thash	10.81 元/天 0.000 208 53 BTC/天	1 432	10.31	0.50	—
蚂蚁 V9	—	4 Thash	4.12 元/天 0.000 079 44 BTC/天	1 027	7.39	-3.28	—
阿瓦隆 A7-741	—	7.3 Thash	7.51 元/天 0.000 144 98 BTC/天	1 150	8.28	-0.77	—
神马 M3	—	11.5 Thash	11.84 元/天 0.000 228 39 BTC/天	2 100	15.12	-3.28	—

表 3–2 以以太坊为例进行数据分析

以太坊价格：1 034.25 元 /ETH　　电价：0.3 元 / kW · h							
型 号	矿机报价 元	矿机算力	日产出	功率 W	电费 （元 / 天）	净收益 （元 / 天）	静态回本周期 / 天
熊猫 B3 Pro	7 500.00	230 Mhash	16.55 元 / 天 0.016 005 7 ETH/ 天	1 250	9.00	7.55	993
熊猫 B3（静音）	—	230 Mhash	16.55 元 / 天 0.016 005 7 ETH/ 天	1 150	8.28	8.27	—
RX570 6 卡	11 393.00	167 Mhash	12.02 元 / 天 0.011 621 53 ETH/ 天	720	5.18	6.84	1 667
RX580 6 卡	12 599.00	181 Mhash	13.03 元 / 天 0.012 595 79 ETH/ 天	810	5.83	7.20	1 752
1060（6G）6 卡	13 099.00	135 Mhash	9.72 元 / 天 0.009 394 65 ETH/ 天	540	3.89	5.83	2 248
蚂蚁 G2	—	220 Mhash	15.83 元 / 天 0.015 309 8 ETH/ 天	1 200	8.64	7.19	—
雪豹 E3	—	230 Mhash	16.55 元 / 天 0.016 005 7 ETH/ 天	1 160	8.35	8.20	—
蚂蚁 E3	—	180 Mhash	12.96 元 / 天 0.012 526 2 ETH/ 天	800	5.76	7.20	—
芯动 A10（365M）	—	365 Mhash	26.27 元 / 天 0.025 400 35 ETH/ 天	650	4.68	21.59	—
芯动 A10（485M）	—	485 Mhash	34.91 元 / 天 0.033 751 15 ETH/ 天	850	6.12	28.79	—
芯动 A10 500M	—	500 Mhash	35.99 元 / 天 0.034 795 ETH/ 天	700	5.04	30.95	—

3.1.4 矿机工作流程

接下来我们以比特币为例，了解一下挖矿机的工作步骤。

比特币挖矿机工作流程如下。

第一步：找到矿池。挖矿之前，矿工必须找到一个操作方便、产出稳定的矿池。这个矿池为各终端细分数据包，通过精密算法，将终端计算好的数据包按照比例支付相应的比特币。选择时，矿工一定要对比各矿池的产出和收益。比如，www.btcguild.com矿池，对于新手来说更简单易用。操作的具体流程是：打开主页，直接免费注册账号，注册、登录后，进行必要的设置，填写好电子邮箱地址；写好比特币电子钱包地址，如果没有固定的电子钱包，就先不填写，挖到一定数量的比特币后，再更新钱包地址。

第二步：下载比特币挖矿器（软件）。比特币挖矿器有很多种，新人一般使用小巧易用的GUIMiner。这是个绿色的软件，能够支持CPU、OpenCL、CUDA等多种计算模式，从而保证设备（包括CPU和显卡）都能发挥出最大性能，以更快地获取比特币。GUIMiner下载官方网址为http：//guiminer.org/。

第三步：设置挖矿软件。GUMiner是个绿色软件，安装完成后，可以先设置语言，方便进一步设置。界面改为中文后，新建一个采矿器，如果用户是A卡，就用OpenCL；如果是N卡，就用CUDA采矿器。接下来，对采矿器设置服务器、用户名、密码等，这些设定完成后，就能正式采矿了。

第四步：开始挖比特币。确认各种信息都设定无误后，单击“开始挖矿”按钮，开始挖比特币。很快显卡就会进入全速运行状态，温度升高，风扇转速提高。这时，矿工可以通过GPU-Z或显卡驱动来监控状态。值得注意的是，由于只是显卡在满载运行，CPU 的负载只有个位数，所以丝毫不会影响矿工对该计算机进行上网、处理文件等操作。

3.2 挖矿成本与全网算力、币价、电力三方的动态关系

为什么说挖矿定投比直接购买数字货币更能降低投资风险?

1. 挖矿与炒币的区别

挖矿本身是一种风险相对比较低的投资方式，可以根据自己的资产配置定投挖矿，例如租赁矿机，矿机托管轻松挖矿。炒币要求回报必须大于投入，属于投资行为；炒币 / 屯币属于投机行为，短期回报可能是负的。

矿工们都是把挖出来的币马上卖掉，锁定收益。否则一旦币价跌了，收益就会减少。挖币与囤币在矿工群体中可能是同时进行的，有实力的矿工会趁着低价囤币等待升值，有些矿工在币价高时立即销售出去回本并支付挖矿成本。

2. 比特币挖矿的成本

挖矿成本分两部分：一是购买矿机、厂房，基地建设，人力成本，签订用电合同，支付固定电费与签署劳务合同。在这种情况下，挖矿成本都是预付资本支出，运营要实力的资本支持，同时还要履行合同责任。二是租赁矿机、矿场，维护设备等，并按时支付挖矿电费。这时挖矿成本都是运营费用，矿工轻松挖矿，没有资产，也没有负债。

目前市场的挖矿成本都是矿工与矿场合作：一些矿工拥有矿机，直接和矿场签订合同，租赁场地和支付所有的电费。另一些矿工租赁矿机，直接把

矿机放在自己的矿场里面，签订短期电费合同。

因为每个矿工的挖矿成本不一样，有的矿工能拿到低价电，挖矿成本低；有的矿工的因投资自建矿场，有人力成本、资金成本等，挖矿成本高。所以当币价波动时，不同成本的矿工受到的影响是不一样的。

但是不论怎样，矿工都会在挖矿成本大于挖矿收益时选择关机。因为挖矿属于投资，投资是要有回报的，回报必须为正才会让投资行为持续。

3. 挖矿成本和币价、电费的动态关系

2018 年 11 月中旬，国内正处于枯水期，电费上涨，币价持续下跌，矿工们只能选择关停矿机，挽回损失。

全网算力的减少，可能是关机导致的，而全网算力的增加，是由于关机的机器重新开机和新矿机的不断涌入。当前全网实时算力为 72.18EH/s，正在运行的矿机数量超乎想象。实时算力上调，说明全世界的挖矿设备在不断增加。币价持续上涨会导致实时算力的上涨，而实力算力上涨也会增加矿工的挖矿成本。

因为每台矿机都有停机边界，这个边界主要是电费，高成本的先停机，低成本的矿机就会分享停机的工作量。所以挖矿本身是电力成本、币价和算力三方的动态平衡。

有的矿工之所以在别人关停矿机时还能继续挖矿，最重要是因为他们拥有廉价的电力成本，只要挖矿成本支出可以与收益达到平衡，矿工们就愿意开机挖矿。币价涨，矿工们都能获取丰厚的挖矿收益。

3.3 中国区块链三巨头：比特大陆、嘉楠耘智、亿邦国际

胡润研究院发布的《2019胡润全球独角兽榜》收录了全球分布在24个国家的494家独角兽企业。榜单里中国的区块链企业共有三家，分别是比特大陆（估值为800亿人民币）、嘉楠耘智（估值为200亿人民币）和亿邦国际（估值为100亿人民币），有意思的是这三家独角兽均为矿机巨头。

《全球独角兽榜单》是全球估值10亿美元以上的科技初创企业排名，上榜企业创办不超过10年，获得过私募投资且未上市。其中，中国上榜企业有206个，超过美国（203个）居世界第一，蚂蚁金服成为全球最大的独角兽。其中首次有11家区块链企业上榜，分布在矿业、交易所、公链等多个领域。

3.3.1 比特大陆：全球第一区块链独角兽

在《2019胡润全球独角兽榜》中，比特大陆以800亿美元估值排名第20位，成为当之无愧的全球区块链第一独角兽。官方资料介绍，比特大陆从事加密货币和人工智能产业，其中包括生产机器人、生产矿机、提供矿池和云端挖矿等服务。目前比特大陆的年均盈利约为30亿～40亿美元。

如图3-3所示，分析比特大陆的现有业务可以发现，比特大陆旗下的BTC.com矿池和蚂蚁矿池的市场份额占24.82%，挖矿算力拥有绝对优势。

据金色财经报道，比特大陆持有的 BCH 数量已经增至 200 万枚，按照目前 BCH 流通量计算，比特大陆掌握了 11.2% 的 BCH 流通量。

2018 年，比特大陆正式完成 Pre-IPO 轮签约，投资者包括腾讯、软银和中金资本，此轮融资 10 亿美元，投前估值 140 亿美元，投后估值 150 亿美元。而 2019 年胡润研究院给出的比特大陆最新估值是 800 亿人民币，除了公司以 800 亿人民币的估值位居区块链行业之首外，比特大陆造富能力也不容小觑，在《2019 胡润百富榜》中，比特大陆上榜 5 人，堪比“富豪孵化器”。排名第 100 位的比特大陆创始人詹克团，以 300 亿身家成为中国区块链首富。

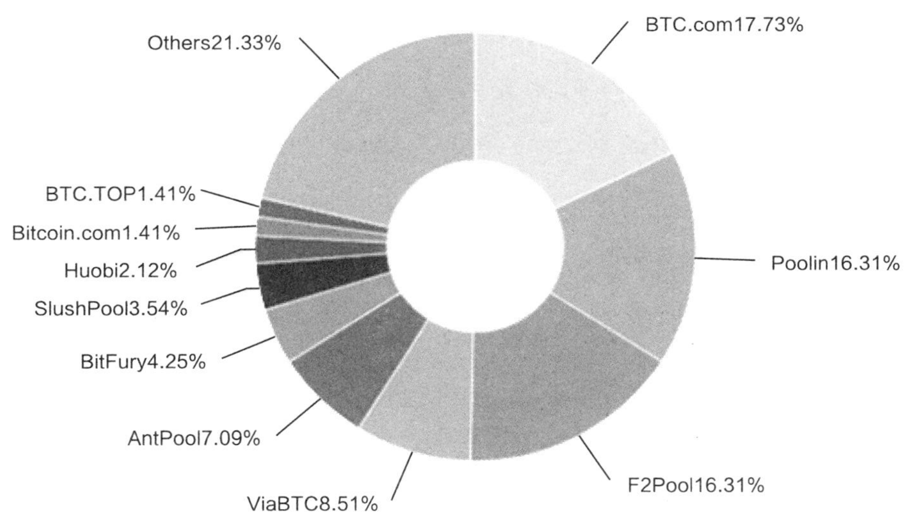

图 3-3 比特大陆各细分业务占比

延伸阅读

比特大陆何去何从?

政治家丘吉尔曾说过:“世界上没有永远的朋友,也没有永远的敌人,只有永恒的利益。”

在区块链迎来暖冬的形势下,在币圈独领风骚数年的比特大陆却迎来了一场史无前例的“内斗”。

2019年10月29日,比特大陆执行董事吴忌寒向公司全体职员发公开邮件,决定解除前执行董事詹克团在公司的一切职务。同时,邮件中吴忌寒要求公司所有员工不得执行詹克团的指令,也不得参加詹克团组织的会议等,否则有被公司开除甚至追究法律责任的可能。这封全员公开信也将公司高层持续较长时间的矛盾彻底公开化。

据天眼查资料显示,2019年10月28日,比特大陆的运营主体北京比特大陆科技有限公司发生工商变更,比特大陆董事长詹克团卸任法定代表人与执行董事职位,由比特大陆联合创始人吴忌寒接任。

简单来说,作为联合创始人的詹克团被另一个创始人吴忌寒几乎赶出了自己一手创办的公司,而作为币圈神坛的比特大陆又会何去何从呢?

在币圈,吴忌寒是业内公认的比特币布道者。1986年生于重庆的吴忌寒,2005年由重庆南开中学考入北京大学经济学院,主修的是心理学和经济学双学位。从个性来看,这位“学霸”应该是个傲娇的人,他曾自诩“读书的时候我就已经是别人家的小孩模板了”。

吴忌寒毕业后就进入投行工作,2011年已是投行投资经理的他,第一次接触到比特币。2013年，吴忌寒毅然辞掉投行工作，全职投身比特币行业。也是在这一年的年初，绰号“南瓜张”的北京航空航天大学博士张楠赛，研发出了全球首款ASIC比特币挖矿芯片Avalon，也被其命名为“阿瓦隆芯片”。因此，张楠赛被币圈普遍认为是世界上第一台ASIC矿机的发明者、中国比特币“四大天王”之一。

据悉，吴忌寒和詹克团的相识非常具有戏剧性，2013年某一天，吴忌寒走在路上，遇到了詹克团公司的一个业务员在街头推销产品，通过业务员这个“中间人”，两位相识了。技术出身的詹克团，2004年获得中国科学院微电子研究所微电子与固体电子学专业工程硕士学位，曾在清华大学信息技术研究所担任研发工程师。

那时的吴忌寒已经在币圈摸爬滚打了两年，一直想要做些什么事情，而后，吴忌寒主动抛出“橄榄枝”，发邮件给詹克团，承诺只要詹克团可以成功研制出高算力矿机芯片，便可给其团队股份，且每次完成矿机制造及升级都能获得股份。据说，詹克团花了2小时研究比特币，日后他表示：“意识到比特币是具备发展潜力的，所以毫不犹豫决定加入。”

俩人一拍即合，成立了比特大陆。公开资料显示，比特大陆从事设计可应用于加密货币挖矿和AI应用的ASIC芯片、销售加密货币矿机和AI硬件、矿场及矿池运营及其他与加密货币相关的业务。

比特大陆加密货币矿机业务的核心是ASIC芯片的前端及后端设计，这是加密货币矿机产品开发链的主要环节。

2016年年底，在比特大陆股东变更为单一境外公司之前，这家“独角兽”公司股权结构大致是这样的：创始人吴忌寒持股20.61%，詹克团持股54.9%。几年来，外界多认为詹克团才是比特大陆最大的老板、大股东。

隐患就此埋下。

成也萧何败也萧何

比特大陆成了“第一个吃螃蟹的人”。

根据2018年9月26日比特大陆披露的招股说明书的数据，2017年比特大陆总营收为25.177亿美元，同比增长806.95%，净利润为7.014亿美元，同比增长517.43%。2018年上半年，比特大陆实现总营收28.455亿美元，超过去年全年总和，实现净利润7.427亿美元。矿机专用芯片占全球市场份额的74.5%。

比特大陆营收的爆发性增长主要得益于2017年比特币价格的迅速攀升，众多人群加入挖矿大部队，矿机紧俏。2017年，比特大陆售出矿机162万台，矿机销售收入为22.63亿美元，同比增长952.56%，占总营收89.87%。

但是好景不长，自2018年1月开始，比特币价格快速下滑，截至2019年1月31日，比特币价格为3 412.9美元/个，较2017年12月比特币价格顶点19 666美元/个下降了82.65%。

受比特币价格下跌影响，2018年第二季度开始，比特大陆营收和利润开始下滑。

2018年第一季度，比特大陆实现营收19.0亿美元，其中97%来自矿机收入，净利润达到11.4亿美元；2018年第二季度，比特大陆营收9.46亿美元，亏损额达到4亿美元左右。2018年6月，比特大陆主力产品S9型矿机价格仅约649美元，较2017年年底的6 499美元下跌了90%。

随着比特币进入大熊市，极度依赖矿机销售收入的比特大陆财务数据一片惨淡，外部股东也很是心急。在2017年比特大陆的融资中，投资人与其管理层签署了5年内上市的对赌协议。

但是比特大陆冲击港股IPO受挫。

据悉，此前比特大陆冲击港股IPO时，最大的拦路虎为上市适应性问题。此前，港交所总裁李小加表示：

“对于IPO，港交所的核心原则是上市适应性。拟上市公司给投资者介绍出来的业务模式是否适合上市？比如说过去通过A业务赚了几十亿美金，但突然说将来要做B业务，但还没有任何业绩。

或者说B的业务模式更好，那我就觉得当初你拿来上市的A业务模式就没有持续性了。还有就是监管之前不管，后来监管开始管了，那你还能做这个业务，还能赚这个钱吗？”

弦外之音，呼之欲出。

无论是此前吸金的矿机业务，还是想要转型的AI业务，比特大陆无法满足李小加所提出的“上市适应性”。

外部股东的压力，再加上2018年赴港上市受挫，两位联合创始人的内部矛盾也愈加明朗化。

2018年4月，有消息称詹克团与吴忌寒正在分家，比特大陆双CEO的时代即将完结。该消息随后被詹克团否认，他表示自己是第一次听到这个消息。

2018年11月，比特大陆出现工商变更，包括吴忌寒在内的4名人士退出董事会，吴忌寒身份由“董事”变更为公司“监事”，而詹克团从“董事长”变更为“执行董事”。

合伙创业，是天下最难的一件事，很多的故事有好的开端，却没办法写结尾。

一起约定退出，你却中途反悔

在2018年年底，詹克团和吴忌寒这两位联合创始人同时卸任公司CEO，并约定不再干预比特大陆日常运营，对外声称理由是“缺乏管理经验”。

不过詹克团“留了一手”，他保留了董事长的位子，不久后就重新回归，干涉公司事务。此举惹得吴忌寒不满，双方的裂痕越来越大。同时其他股东以及相当部分客户也对詹克团的管理产生抱怨，吴忌寒夺权已初露迹象。

另外，更重要的是，二人的目标或者是初心不同，这是裂痕加大的主要原因。吴忌寒坚持公司在区块链矿机研究、制造方面的深耕，而技术出身的詹克团则非常看好人工智能的发展，力主把挖矿领域积累的算力优势切入到AI领域。

比特大陆多次公开表示对于AI的兴趣，称5年内公司近40%的收入将来自于AI芯片。在招股书中，更是在书面上大谈特谈AI芯片及扩张AI业务的想法，并且自称为国内仅次于华为的第二大芯片设计公司。

就在2019年10月27日，詹克团还以比特大陆董事长的身份，于深圳发布了面向视频及图像智能分析的第三代智能服务器SA5，搭载了9月刚发布的BM1684AI芯片，并雄心勃勃地宣称未来3～5年视频结构化的市场规模将是如今的一万倍。

事实上，由于AI领域的前期投入极大但收获期较晚，对陌生领域的切入使得比特大陆前期投入巨大，主营业务收入一直在输血AI业务。

戏剧性的是，在10月28日，詹克团就被“扫地出门”了，10月29日，吴忌寒的一封内部公开信让斗争双方彻底撕破了“脸皮”。

重回正轨还是越走越远?

事实上，创始人在企业发展的过程中，因为种种原因被迫离开的情况并不少见，不过，这个最后的结局也是有的东山再起，有的至此销声匿迹了。比如乔布斯被赶出苹果，王志东被迫离开新浪，等等。

而就在比特大陆内部吵得不可开交的时候，作为全球第二大比特币矿机厂商嘉楠耘智在10月28日也递交了赴美招股书。

另外，作为曾从比特大陆出走的杨作兴创立的神马矿机以及朱砝等人创立的币印矿池都在从各方面业务碾压比特大陆，而比特大陆正行走在悬崖边上，稍有不慎就有掉进深渊的可能。

作为创始人的詹克团以这样的方式下台，并未对外界做出回应，但是或许这场斗争才刚刚开始，而在其中的比特大陆又将何去何从?

3.3.2 嘉楠耘智：IPO 之路一波三折

嘉楠耘智成立于 2013 年 4 月，创始人张楠赓是北航博士，他有另一个更为币圈熟知的名字叫“南瓜张”。2013 年，嘉楠耘智旗下阿瓦隆矿机问世，这款商用 ASIC 芯片比特币矿机，是全球首款基于 ASIC 芯片的区块链计算设备，引领行业进入 ASIC 时代。

从此，比特币“矿工”们告别原始的电脑 CPU、GPU 挖矿时代，选择高算力的 ASIC 芯片矿机。然而 2015 年，嘉楠耘智新系列矿机推出晚于比特大陆，后者靠 S7 蚂蚁矿机以及此后的 S9 矿机连续多年占领矿霸地位。尽管错失先机，但以生产比特币矿机起家的嘉楠耘智实力仍不容小觑，其目前是全球第二大比特币矿机生产商，在 2019 年上半年，其比特币矿机全球市场占有率为 21.9%。

近几年，嘉楠耘智向人工智能芯片进军，在人工智能边缘计算芯片领域积极发力，未来计划在比特币矿机业务和 AI 芯片业务上实现更平衡的组合。

2019 年 11 月，围绕嘉楠耘智的关键词是赴美上市。这不是嘉楠耘智第一次尝试 IPO，此前在中国大陆和香港的上市计划均因各种原因相继折戟，上市之路可谓一波三折。

2016 年 6 月，鲁亿通发布公告，拟作价 30.6 亿元收购嘉楠耘智 100% 股权，这成为嘉楠耘智借壳上市的机会。此次资产重组三收深交所问询函，却最终流产。

2017 年年中，嘉楠耘智申请在新三板挂牌，半年后主动出局。

2018 年 11 月，嘉楠耘智赴港 IPO，但最后还是以申请失效告终。

屡屡碰壁并没有磨灭嘉楠耘智的上市热情，重整旗鼓后再一次准备赴美上市，但根据当时的消息来看，情形并非十分乐观。

首先嘉楠耘智财务状况表现疲软。2019年10月28日，美国证券交易委员会公示芯片矿机生产商嘉楠耘智IPO文件。其中，嘉楠耘智计划募资不超过4亿美元，较上次赴港IPO时宣传的10亿募资额大幅缩减。报告中显示嘉楠耘智2019年上半年亏损3.3亿人民币，相比2018年上半年净利润2.16亿，利润同比下降252%。

其次是各类风险问题尚未找到有效的解决办法。

前三次上市不成功的原因包括，对数字货币市场前景的疑虑；国内复杂的监管情况；主营业务占比过高、客户不稳定等风险。此次赴美IPO，以上三个问题仍然很难给出一个准确的答案。

延伸阅读

公司的联合创始人之一，与张楠赓同岁的刘向富在2013年就加入了嘉楠耘智，此前主要负责公司的市场业务。但是在2018年底赴港IPO时，还手握17.6%股份的刘向富，自2019年初，就被传已经逐渐淡出公司管理层。

其原因或许也和比特大陆正在经历的一样，在公司快速成长后，创始人团队对于未来发展方向产生了巨大分歧，据其内部人员消息，刘向富认为区块链行业的硬件和软件不该分离，生产矿机设备的嘉楠耘智不该为了更好地IPO而放弃采矿业务。

古人云，一鼓作气，再而衰，三而竭。顶着三次IPO折戟的压力，北京时间2019年11月21日晚，嘉楠耘智正式在纳斯达克敲钟上市，顺利成为“全球区块链第一股”，也是国内首家赴美上市的矿机企业。

本次嘉楠耘智敲钟上市的最终发行价为每股 9 美元，发行 1 000 万股，融资 9 000 万美元，总市值约 14 亿美元。此时，嘉楠耘智打响了矿机企业上市第一枪，为其他矿机企业 IPO 之路起到了标杆作用。

多次折戟，矿机企业为何还要上市？

事实上，从 2017 年加密市场的繁荣度看，矿机企业营收能力极强，但矿机销售受到比特币行情的影响呈现明显周期性特征，其可持续性也有待验证。

这一点从嘉楠耘智招股书数据（见表 3-3）可以看出，截至 2019 年上半年，嘉楠耘智总营收近 2.9 亿元，但是净亏损却超 3.3 亿元。换言之，2018 年下半年开始，嘉楠耘智在矿机销售方面已经没有利润了。而从收入结构看，公司超过 99% 的收入来自于矿机和相关销售。

表 3-3　2016.1.1—2019.6.30 嘉楠耘智营业收入表

年份	营业规模 / 亿元	净利润 / 亿元
2016	3.16	0.53
2017	13.081	3.61
2018	27.053	1.22
2019.6.30	2.888	-3.309

嘉楠耘智上市了，其他矿机厂商上市还会远吗？

从行业角度看，嘉楠耘智上市代表着传统资本市场对区块链的认可，作为主营区块链相关第一股，对两个市场起到了有效的连接作用，利于区块链正向发展。

事实上，目前区块链产业，不论是产业规模、投融资额度、从业人员素质等方面，都与 TMT、人工智能、物联网等相差较大。嘉楠耘智登陆国际资本市场，无论是舆论层面还是资本层面，都能为整个行业注入更加强大的动力，带动矿机企业扎堆上市。

与此同时，不少人也都想到了另一个矿机制造商比特大陆。从腾讯新闻获悉，在内部人事变动之前一周，比特大陆已向 SEC 秘密递交了上市申请，保荐人为德意志银行。为了增加本次赴美上市的成功概率，比特大陆甚至还聘请了纳斯达克前中国区首席代表郑华，作为公司顾问为其出谋划策。

但这也并不意味着矿机制造商的上市之路就此通畅，不过嘉楠耘智已经叩开矿机厂商 IPO 的大门，矿机企业拥抱国际资本市场的故事即将开始。

毫无疑问，嘉楠耘智是一个值得尊敬的创业者，也是这个行业为数不多有条件上市的优质企业。嘉楠耘智的成功上市，代表着传统资本市场对区块链企业的认可，作为区块链第一股，可以对两个市场起到有效的连接作用，给区块链行业注入强劲的血液。

3.3.3 亿邦国际：矿机巨头中的“隐士”

作为矿机三巨头之一的亿邦国际，相比以上两者来说显得相对低调，鲜少见诸报端。亿邦国际创始人胡东更是矿机大佬中的“隐士”。

胡东，1973 年出生，1998 年毕业于浙江工业大学，毕业后做过老师。2001 年，他开始创业，成立了杭州亿邦信息技术有限公司，专门承接通信网络设备接入等业务。而这就是亿邦国际的雏形。

2003 年，亿邦从通信网络运营商转型为设备代工商。到此时，亿邦国际还是寂寂无名。2014 年，区块链行业开始兴起，胡东敏锐地察觉到了区块链市场的巨大潜力，于是亿邦利用自身的技术优势开始研发生产区块链处理器的 BPU，也就是“矿机”。此后，亿邦矿机在区块链的风口上开始腾飞。

2015 年，亿邦登上了新三板，净利润从 2015 年的 2 424 万元一路上涨到 2017 年的 3.85 亿元，足足增长了 15 倍。目前亿邦主要从事研究及开发、生产及销售数据通信设备及区块链计算设备，业务也覆盖区块链应用、人工智能数据处理器及 5G 技术的区块链解决方案。

和嘉楠耘智相似，亿邦国际也十分执着于 IPO 之路。

2018 年 6 月，亿邦向港交所提交申请书，和同时期递交申请书的嘉楠耘智争做区块链第一股，虽然此次两者最后都未能成功上市，但是让区块链行业看到了上市的希望。此后，亿邦国际再次于 2018 年 12 月向港交所递交了招股申请，但也没有成功，目前公司也正在考虑前往美国上市。

另一方面，亿邦仍在低调地快速发展，2019 年 10 月 28 日，麦迪森控股向亿邦收购总金额约为 1 亿美元区块链设备，并设立总规模不少于 5 亿美元的投资基金。

双方将重点投入区块链底层技术应用的研发，其中包括 5G 应用、区块链和包括人工智能、大数据、物联网、数据共享、数字政务、各大民生领域、智慧城市、金融等与数据及信息有关的产业融合的相关项目；订约方将合作探索区块链行业的趋势、研究及开发区块链技术及其应用，以及培养区块链行业人才。

3.3.4 结语

中国区块链三大独角兽均为矿机巨头不是一种偶然，而是一种必然，因为矿业就是目前区块链生态中核心技术最扎实、商业模式最清晰、盈利模式最强的领域。

虽然比特大陆、嘉楠耘智与亿邦国际基本垄断了全球市场，但随着币价下跌、矿机市场的萧条，以及可能出现的新的竞争者，这三大矿机企业该如何布局未来，是发展中需要考虑的重点，也是矿机企业谋求上市的原因。

从资本层面看，矿机业务未来会走向行业平均利润，而当前矿机企业业务过于单一，需横向拓展其他业务抵御行业风险。

从技术层面看，挖矿芯片本质比拼的是能耗比和单位算力成本，先进的工艺在这方面有优势。ASIC 数字货币挖矿本身就是算力的军备竞赛，拥有更高工艺的算力就拥有了话语权，也由此推动了整个芯片行业的发展。

从投资布局角度来看，三大矿机企业未来的战略将不止于 ASIC 矿机芯片与矿机产品，产品进化与战略转型是必然之路。

当前是技术变革的节点，AI 是个很好的风口，比特大陆在 AI 芯片方面布局已久，据传目前已具有量产的条件。出于业务转型与扩张的需要，嘉楠耘智也在 AI 智能芯片方面大力布局。但要掌握 AI 等其他芯片领域的核心技术，科研经费势必是一笔极大的支出，需要更多的资本流入，上市也许是更好的选择。

3.4 各国政策

1. 中国

2019年11月6日国家发展与改革委员会(以下简称“发改委”)发布的《产业结构调整指导目录(2019年本)》(以下简称《目录》),与2019年4月发布的《产业结构调整指导目录(2019年本,征求意见稿)》相比,曾被列入淘汰类产业的虚拟货币“挖矿”条目被删除。

此前,国内政策对虚拟货币“挖矿”的限制较多,但以比特币为代表的虚拟货币仍具有一定的市场前景,“挖矿”产业非但没有停止发展,反而形成了一条完整的产业链:上游是矿机和挖矿芯片生产商;中游是“挖矿”活动,矿场相当于挖取比特币等虚拟货币的“工地”;下游则是交易平台,作为连接用户、矿池、项目方的中间枢纽发挥作用。

火币大学校长、中国通信工业协会区块链专委会副主任于佳宁在接受《时代周报》记者采访时认为,此次发改委将“挖矿”从淘汰产业中删除属正常调整,有利于促进专业芯片制造领域创新:“矿机制造是非常具有技术含量的高端制造业,采用专用芯片,与传统的通用芯片不同。当前我们正处在通用芯片转向专用芯片的过程中,而矿机厂商在一定程度上代表了专用芯片的设计能力。”

2019年11月9–10日,在乌镇举行的“世界区块链大会”上,与会的矿业从业者对《目录》的修改表现得更为乐观一些。“市场显然会更大,进入的资金会更多，但对矿业本身的要求也更高，竞争会更激烈。”“算力互联”的 Cora 表示，他们已经做好了迎接大资金和客户进入的各种准备。

2. 俄罗斯

与中国相比，俄罗斯对比特币和加密货币的政策较为宽松，2020 年 7 月，俄罗斯国家杜马（下议院）通过了《数字金融资产法》。该法律允许从 2021 年起在俄进行数字金融资产交易，但禁止在俄境内将加密货币作为支付手段。俄罗斯国家杜马金融市场委员会主席阿纳托利·阿克萨科夫表示，另一部有关数字货币监管的法案可能会于秋季通过，并将作出更细致的规定。

国家杜马金融市场委员会主席阿纳托利·阿克萨科夫告诉俄通社，在开放区块链上创建的加密货币曾被认为是非法的。与此同时，他也强调，如果加密货币是在境外购买或收购，那么在俄罗斯持有并不违法。

可见，俄罗斯对于加密货币的使用，主要限制于加密货币参与的领域，通过定义法律法规，就可以达到既不否决也有所限制的处理方式。

3. 美国

美国加密货币矿业也很发达，而该国采取了相当务实的监管方式。美国商品期货交易委员会（CFTC）于 2015 年 9 月将比特币分类为商品，目前也仍然是商品。对挖矿活动没有具体限制，不过一些州对加密货币采取了不同的方法。

纽约普拉茨堡市可能是美国唯一一个正式禁止加密货币挖矿的地方。在 2018 年 3 月，该举措正式提出，因为当地居民抱怨加密货币挖矿导致电费上涨。该市位于水电站附近，电力低廉。据报道，2018 年 3 月，普拉茨堡最大的矿场占用了该市 10%的电力。因此，普拉茨堡市议会才实施了为期 18 个月的加密货币挖矿禁令。

2018 年 Crescent Electric Supply Company 的一份报告罗列了在美国各州挖一个比特币的电力成本。路易斯安那州被认为是挖比特币最便宜的地方，其次是爱达荷州、华盛顿州、田纳西州和阿肯色州。GigaWatt 是美国最大的矿场，位于华盛顿。

4. 伊朗

Cointelegraph 曾报道，由于用电量大幅增加，伊朗政府对国内的加密采矿业态度强硬了起来。伊朗能源部认为，电耗异常上涨 7% 就是挖矿导致的，他们担心电网承受过度压力，所以打算削减矿池的权利，直到通过新的能源关税法案。

目前伊朗人民可以领一份政府补贴，据报道，这类补贴弥补了消费者被收取的电费与实际电费的差距。这一情况为加密货币矿工提供了有利的环境。在一些伊朗政府部门正式接受加密货币矿业为其合法产业之后，2018 年 9 月挖矿生态系统就被批准了。

鉴于伊朗挖矿业务的活跃度和盈利情况，该国能源部副部长 Homayoun Haeri 表示，该产业的计费应与 2019 年 6 月的电力出口收费相同。虽然在 2018 年末的时候一切听来还显得很积极，但伊朗的矿工可能要面临几个月的不确定性，直到关于电费关税的新政策出台。

5. 加拿大

加拿大一直将自己定位成一个加密货币友好的国度，并公开为加密货币矿业提供开店机会。加拿大已将比特币归类为商品，因此用户有义务纳税，纳税多少取决于他们是如何获取并使用加密货币的。如果将比特币作为收入，则需要缴纳个人所得税；如果只是持有，那么也有义务缴纳资本利得税。

Cointelegraph 的一位写手 Selva Ozelli 提到，加密货币采矿也要征税，这取决于该业务是作为企业还是个人业余经营，后者不用纳税。而在国内交易和使用加密货币是可以的，但是有一定控制，挖矿方面更是如此。

这一举措主要是电力供应商魁北克和政府能源监管者的一项工作所致。2018年5月，魁北克省政府暂停了向加密货币挖矿运营商出售电力，当时100条挖矿业务线向魁北克水力发电公司提交了购电申请，据报道，挖矿每小时耗能超10太瓦。魁北克水力发电公司运营着60个水力发电站，当时剩余产能约13太瓦·时。

2018年6月，魁北克提出了一些规则，要求有需求的加密货币采矿公司竞价购电。而这些公司的申请需要通过商业案例来证实，商业案例中显示该举措涉及的工作岗位和投资。这些规则的一部分或将让魁北克在该省电力需求上涨期间强制减少挖矿供电。

在几个月内，这家供电商不得不暂停处理矿工的要求，因为该行业的用电需求超过了当时的供电量。差不多一年之后，在2019年4月，当地能源委员会发布了该行业的新规则，这些规则基本上解决了矿工的购电问题。

魁北克水力发电公司被要求向区块链行业分配300兆瓦，超过了已经向现有客户提供的158兆瓦和向市政分销商提供的210兆瓦。为了获得分配的电力，矿业公司必须通过一个筛选流程。主要评估标准包括创造就业机会的多少、岗位的工资、投资估值以及热量回收情况。

6. 捷克和冰岛

捷克共和国的政策值得一看，因为它是世界上最大的矿场之一Slushpool的所在地。该矿池占全球总算力分布的7.5%。这个欧洲国家对比特币和其他加密货币的监管相对宽松。其政府并没有将比特币视为法定货币，而是将其归类为一种无形资产。

由于气候寒冷和可再生能源丰富，冰岛成为加密货币挖矿中心。在2018年2月，据推测，该行业的用电量将超过该国家庭用电总量。据报道，Genesis Mining是冰岛能耗最大的客户。

实际上，加密货币挖矿已经成为一种全球现象。各国监管政策也是不一样的，目前还是有不少国家对比特币持欢迎态度，例如中东地区，另外，中东地区的挖矿电费非常便宜，据在中东布局两年多的RHY矿场表示，他们在中东矿场的挖矿电费低至0.19元/（千瓦·时），比国内丰水期矿场便宜多了，而且他们的矿场是合法的大型矿场，矿场土地可一次性买断，电力是直接从电力局发过去的，国网供电。不少国内矿工出海海外矿场都比较倾向于选择像RHY这种合法的大型矿场，因为大型矿场选址的主要因素是可负担的廉价电力。

此外，气候条件也是一个因素。欧洲国家和地区如加拿大的低温环境也有优势，它可以直接冷却设备。此外，比特币挖矿的一大特点就是，随着矿池的增长，需要越来越多的电力。而挖矿难度是每隔2016块就会调整一次，以确保每隔10分钟出一个块的速度。这也就意味着随着时间的推移，挖矿可能会耗费更多的能源，因为会有越来越多的矿工竞相验证交易从而在出块后获得BTC奖励。

2018年末一项研究表明，全球加密货币挖矿的总用电量已超过真正的矿产开采能耗。而从2019年6月的一份报告中看，这些问题似乎得到了缓解，报告中提到多达74%的比特币矿池都是通过可再生能源供电。这个问题将会继续成为一个备受争议的话题，而且毫无疑问，全球矿池业也将继续思索这一问题。

延伸阅读

"挖矿"前路几何?

2019年11月11日，哲亮向《时代周报》记者表示："此次《目录》调整后，我们终于可以和税务部门开始讨论将电费作为成本报税了。"哲亮说，虽然他们曾反复与相关部门确认过，自己提供的产品和服务是合法的，但始终对"挖矿的电费支出是否可以报税"这个问题非常困惑，现在终于明确了。

从金融监管角度看，此前国内一直限制"挖矿"产业发展。

2017年11月，央行副行长、互联网金融风险专项整治工作领导小组组长潘功胜在重点地区金融办主任整治工作座谈会上表示，下一步的工作包括让比特币等虚拟货币"挖矿"产业有序退出。

2018年1月，互联网金融风险专项整治工作领导小组办公室发文称，目前存在一些生产"虚拟货币"的所谓"挖矿"企业，在消耗大量资源的同时，也助长了"虚拟货币"投资炒作之风，要求各地积极引导辖内企业有序退出挖矿业务，并每月汇报清退情况。随后，2018年6月，新疆、云南、贵州、内蒙古等地陆续传出引导虚拟货币"挖矿"企业退出的通知文件。

尽管如此，"挖矿"产业并未停止发展。

此次国家发改委将虚拟货币"挖矿"从淘汰产业列表上删除，对"挖矿"行业影响几何?

《时代周报》记者在采访中发现，不少从业者认为，国家发改委此次摘掉了虚拟货币"挖矿"头顶的"淘汰产业"头衔，意味着国家对"挖矿”的态度由不鼓励转变为了允许，“此举是在为正规军入场铺路，大资金以后入场挖矿行业会更加方便”。

全球第二大矿机制造商嘉楠耘智区块链总经理邵建良在接受媒体采访时认为，发改委这一调整让行业整体吃了一颗定心丸，会对行业发展形成利好，“行业整体或迎来快速发展期，头部企业或将得到快速发展。另一方面，一些落后的产能及公司可能大概率出局”。

于佳宁对此持保守态度。他认为，没有必要将此次调整过度解读为国家转向鼓励“挖矿”，而且，“挖矿”行业不太可能出现因为某个政策变化就迅猛发展的情况。根据哲亮的观察，《目录》调整的消息发布后，矿工群体和矿池群体并未出现大张旗鼓的变化，但他预测，“此后，大规模的合规资金将会逐步进入‘挖矿’业”。

于佳宁分析认为，当前“挖矿”行业还处于早期的成长阶段，存在不少问题，包括企业偷税漏税、违规用电等，除了不能做到节能生产和安全生产，甚至还可能出现洗钱等问题。“未来，国家肯定会进一步加强监管，将其纳入正轨。”

第 4 章

区块链应用场景分析

4.1 信息共享

这是区块链里最简单的应用场景，就是信息互通有无。

1. 传统的信息共享

要么是统一由一个中心进行信息发布和分发，要么是彼此之间定时批量对账（典型的每天一次），对于有时效性要求的信息共享，难以达到实时共享。

信息共享的双方缺少一种相互信任的通信方式，难以确定收到的信息是否是对方发送的。

2. 区块链时代的信息共享

首先，区块链本身就是需要保持各个节点的数据一致性，可以说是自带信息共享功能；其次，实时的问题通过区块链的 P2P 技术可以实现；最后，利用区块链的不可篡改和共识机制，可构建一条安全可靠的信息共享通道。

也许你会有这样的疑问：解决上面的问题，不用区块链技术，我自己建个加密通道也可以搞定啊！但我想说，既然区块链技术能够解决这些问题，并且增加节点非常方便，在你建好一套安全可靠的信息共享系统之前，为什么不用区块链技术呢？

3. 应用场景

以腾讯开发出来的应用——公益寻人链为例，通过图 4-1 可以看到区块链在信息共享中的价值。

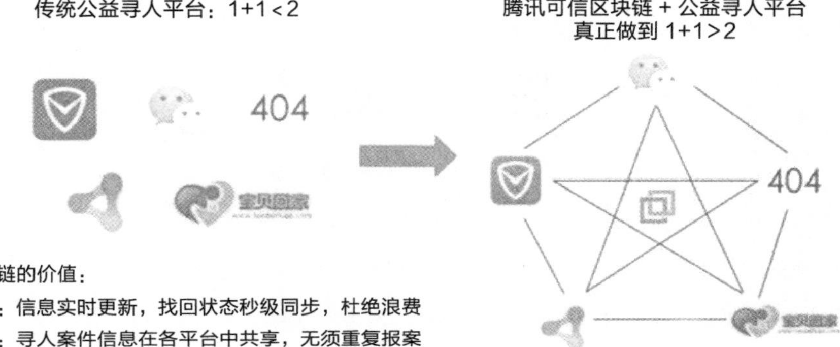
传统公益寻人平台：1+1 < 2
404
宝贝回家
腾讯可信区块链 + 公益寻人平台
真正做到 1+1 > 2
404
宝贝回家
区块链的价值：
· 快：信息实时更新，找回状态秒级同步，杜绝浪费
· 准：寻人案件信息在各平台中共享，无须重复报案
· 狠：各方平等，多方核实，无法篡改，自主可控

图 4-1　公益寻人链

4.2 物　流　链

从生产商到消费者，需要经历多个环节（流程如图 4-2 所示），跨境购物则更加复杂；中间环节经常出问题，消费者很容易购买到假货，而假货问题正困扰着各大商家和平台。

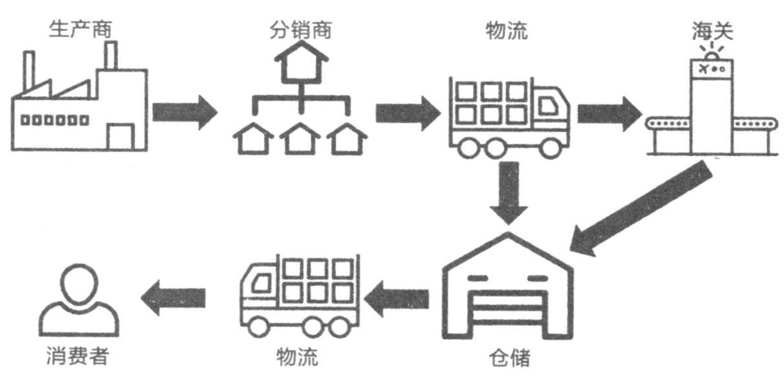

图 4-2　物流链条

1. 传统是防伪溯源手段

在这里，我们以一直受假冒伪劣产品困扰的茅台酒的防伪技术为例，2000 年起，其瓶盖里有一个唯一的 RFID 标签，可通过手机等设备以 NFC 方式读出，然后通过茅台的 APP 进行校验，以此防止伪造产品。猛然一看，这种防伪效果貌似非常可靠。但 2016 年依旧出现了茅台酒防伪造假事件，虽然通过 NFC 方式验证无误，但经茅台专业人士鉴定为假酒。后来，在“国酒茅台防伪溯源系统”数据库审计中发现 80 万条假的防伪标签记录，系防伪技术公司人员参与伪造，随后，茅台改用安全芯片防伪标签。

但这里暴露出来的问题与弊端并没有解决，即防伪信息掌握在某个中心机构中，有权限的人可以任意修改。那么区块链和物流链的结合有什么优势呢？

2. 区块链时代的物流链

区块链没有中心化节点，各节点是平等的，掌握单个节点无法实现数据修改；需要掌控足够多的节点，才可能伪造数据，大大提高伪造数据的成本。

区块链天生的开放、透明，使得任何人都可以公开查询，伪造数据被发现的概率大增。

区块链的数据不可篡改性，也保证了已销售出去的产品信息被永久记录，无法通过简单复制防伪信息蒙混过关，实现二次销售。

物流链的所有节点上区块链后，商品从生产商到消费者手里都有迹可循，形成完整链条；商品缺失的环节越多，将暴露出其是伪劣产品概率更大。

3. 应用场景

2017 年 8 月，国际物流区块链联盟（Blockchain in Transport Alliance，BITA）正式成立。该联盟目标为利用分布式账本技术来提高物流和货运效率，并探索新的行业标准。

目前，联盟已经发展为超过 25 个国家，500 多家会员企业，包括联合包裹（UPS）、联邦快递（FedEx）、施耐德卡车运输公司（Schneider Trucking）、SAP 等。

加入物流链的玩家比较多，其中包括腾讯、阿里、京东、沃尔玛等。阿里的菜鸟在海淘进口应用区块链上走在了前面，已经初步实现海外商品溯源、国际物流及进口申报溯源、境内物流溯源，下一步就是生产企业溯源了。图 4-3 是阿里的菜鸟在海淘场景运用区块链的示意图。

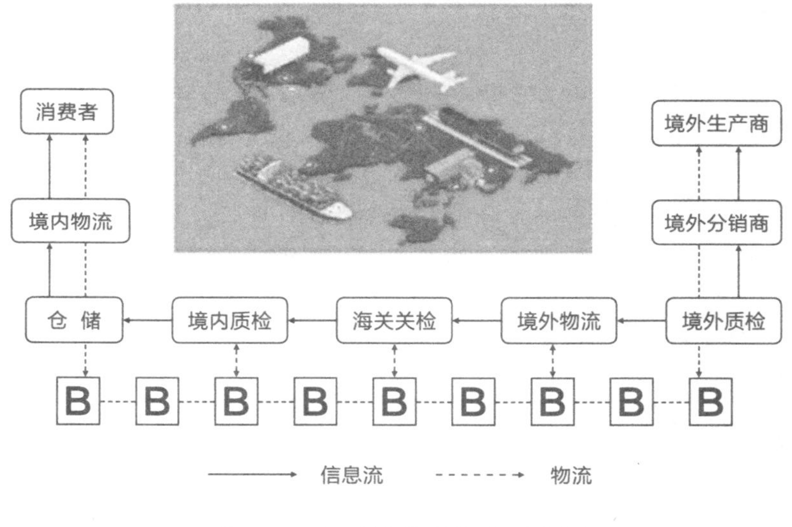

图 4-3　海淘场景区块链示意图

在 2019 年 3 月的第三届全球物流技术大会上，腾讯与中国物流与采购联合会（简称“中物联”）正式签署战略合作协议，并发布了区块链物流平台。强强联合，想象空间很大。

4.3 供应链金融

1. 传统的供应链单点融资

在一般供应链贸易中，从原材料的采购、加工、组装到销售的各企业间都涉及资金的支出和收入，而企业的资金支出和收入是有时间差的，这就形成了资金缺口，多数需要进行融资生产。我们先来看个简单的供应链，如图4-4所示。

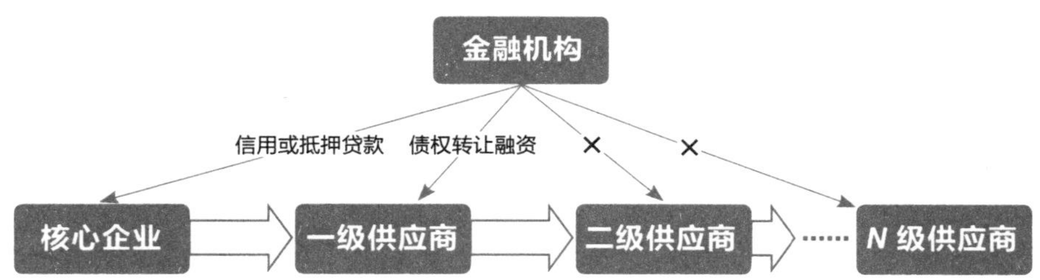

图4-4　传统供应链单点传输情况

我们再来看看图4-4中各个角色的融资情况。

（1）核心企业或大企业：规模大、信用好，议价能力强，通过先拿货后付款，延长账期将资金压力传导给后续供应商；此外，其融资能力也是最强的。

（2）一级供应商：通过核心企业的债权转让，可以获得银行的融资。

（3）其他供应商（多数是中小微企业）：规模小、发展不稳定、信用低，风险高，难以获得银行的贷款；也无法像核心企业一样有很长的账期；一般越小的企业其账期越短，微小企业还需要现金拿货。这样一出一入对比就像是中小微企业无息借钱给大企业做生意。

2. 区块链时代的供应链金融

面对上述供应链里的中小微企业融资难的问题，主要原因是银行和中小企业之间缺乏一个有效的信任机制。

如图 4–5 所示，在区块链解决了数据可靠性和价值流通后，银行等金融机构面对中小企业的融资，不再是对这个企业进行单独评估，而是站在整个供应链的顶端，通过信任核心企业的付款意愿，对链条上的票据、合同等交易信息进行全方位分析和评估。即借助核心企业的信用实力以及可靠的交易链条，为中小微企业融资背书，实现从单环节融资到全链条融资的跨越，从而缓解中小微企业融资难的问题。

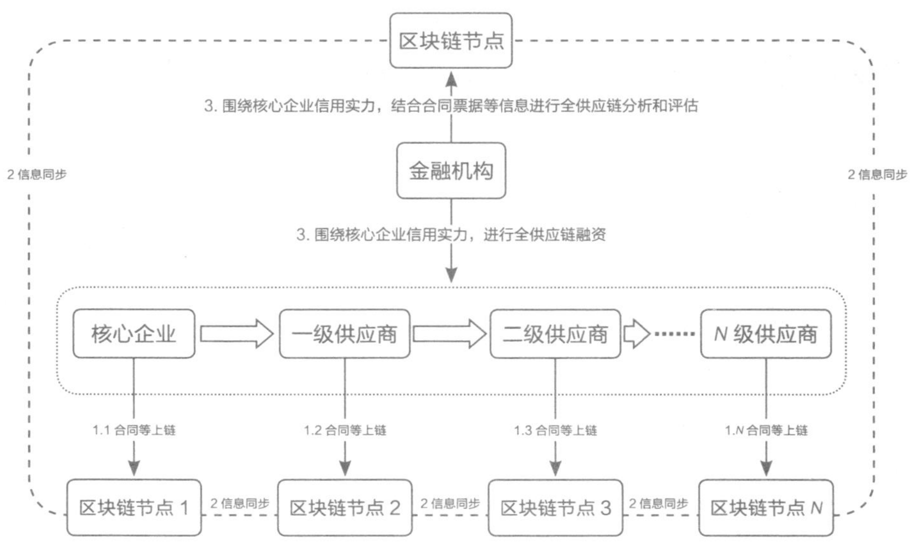

图 4–5　区块链 + 供应链全链融资

供应链金融的业务特点，使得其十分契合区块链的技术特点。区块链上数据都带有签名和时间戳，提供高度可靠的历史记录，可以有效降低银行对信息可靠性的疑虑，实现核心企业信用在链上的分割与流转，最终提高整个供应链的金融效率。

供应链金融区块链平台主要以联盟链的形式打造，具有下述业务优势。

（1）时间戳设计保证债权拆分、流转后信用不变，整体流程完整可追溯；

（2）分布式数据存储打破信息不对称，防止信息篡改和造假；

（3）智能合约自动执行，减少人工干预，提高资金流通效率。

为使供应链金融迅速且有序发展，我国也推出一系列指导意见。如 2017 年七部门联合印发的《小微企业应收账款融资专项行动工作方案（2017—2019 年）》提到："推动供应链核心企业支持小微企业应收账款融资，引导金融机构和其他融资服务机构扩大应收账款融资业务规模"；此外，2017 年国务院办公厅《关于积极推进供应链创新与应用的指导意见》也指出："积极稳妥发展供应链金融"。这些在政策层面上的指导建议，提高了国内供应链金融的发展速度。

3. 应用案例

2017 年 3 月，深圳区块链金融服务有限公司基于区块链技术与全国范围内多家银行建立联盟，共同推出"票链"产品，通过创新模式为持有银行承兑汇票的中小微企业提供高效便捷的票据融资服务。"票链"产品发布后，在江西地区率先进行试点运营，上线首月交易规模已近亿元人民币。其中绝大部分交易标的为数十万元的小额银行承兑汇票，切实解决了中小微企业客户长期面对的融资难、融资贵的难题。

2017 年 4 月，易见科技供应链金融平台上线运营，2018 年 9 月发布 2.0

版本；自上线以来，已帮助约200家企业及金融机构完成了超过40亿元的供应链金融业务，线上融资合同约500份，涉及医药、化工、制造、大宗、物流、航空和地产等多个行业。易见区块平台基于超级账本技术，产品体系包括供应链贸易系统、供应链融资平台和供应链资产证券化平台。

2018年4月13日，平安集团金融壹账通在深圳推出国内首个连接金融机构和中小企业的“壹企银中小企业智能金融服务平台”，将助力银行等金融机构解决中小企业融资难题。壹企银广泛应用金融科技最新技术，全程实现银行等金融机构信贷业务流程智能化，点对点实时打通中小企业信息“死结”，从而实现中小企业融资快捷、高效和低成本、低风险。

“Chained Finance”区块链金融平台是由国内互联网金融公司点融和富士康旗下金融平台富金通共同推出的供应链金融平台，在业内首次借助区块链技术破解供应链金融和中小企业融资难题。

另外，类似“一带一路”这样创新的投资建设模式，会碰到来自地域、货币、物流等各方面的挑战。现在已经有一些部门对区块链技术进行探索应用。区块链技术可以让原先无法交易的双方（例如，不存在多方都认可的国际货币储备的情况下）顺利完成交易，并且降低贸易风险和流程管控的成本。

4.4 物　联　网

有人认为，物联网是大数据时代的基础，也有学者认为区块链技术是物联网时代的基础。物联网在长期发展演进过程中，遇到了设备安全、个人隐私、架构僵化、通信兼容和多主体协同等“五大痛点”。

在设备安全方面，Mirai 创造的僵尸物联网（Botnets of Things）被麻省理工科技评论评为 2017 年的十大突破性技术，据统计，Mirai 僵尸网络已累计感染超过 200 万台摄像机等 IoT 设备，由其发起的 DDoS 攻击，让美国域名解析服务提供商 Dyn 瘫痪，Twitter、Paypal 等多个人气网站当时无法访问。

在个人隐私方面，主要是中心化的管理架构无法自证清白，个人隐私数据被泄露的相关事件时有发生，人民网报道的成都 266 个摄像头被网络直播就是一个案例。

在架构僵化方面，目前的物联网数据流都汇总到单一的中心控制系统，随着低功耗广域技术（LPWA）的持续演进，可以预见的是，未来物联网设备将呈几何级数增长，中心化服务成本难以负担。据 IBM 预测，2020 年万物互联的设备将超过 250 亿个。

在通信兼容方面，全球物联网平台缺少统一的语言，这很容易造成多个物联网设备彼此之间通信受到阻碍，并产生多个竞争性的标准和平台。

1. 应用场景

一种可能的应用场景为：物联网络中每一个设备都会分配到一个地址，

给该地址关联一个账户，用户通过向账户中支付费用可以租借设备，以执行相关动作，从而达到租借物联网的应用。

典型的应用包括 PM2.5 监测点的数据获取、温度检测服务、服务器租赁、网络摄像头数据调用等等。

另外，随着物联网设备的增多、边沿计算需求的增强，大量设备之间形成分布式自组织的管理模式，并且对容错性要求很高。区块链自身分布式和抗攻击的特点可以很好地融合到这一场景中。

2. IBM

IBM 在物联网领域已经持续进行了几十年的研发，目前正在探索使用区块链技术来降低物联网应用的成本。

2015 年初，IBM 与三星宣布合作研发去中心化的 P2P 自动遥测（Autonomous Decentralized Peer-to-Peer Telemetry）系统，使用区块链作为物联网设备的共享账本，打造去中心化的物联网。

3. Filament

美国的 Filament 公司以区块链为基础提出了一套去中心化的物联网软件堆栈。通过创建一个智能设备目录，Filament 的物联网设备可以进行安全沟通、执行智能合约以及发送小额交易。

基于上述技术，Filament 能够通过远程无线网络将辽阔范围内的工业基础设备沟通起来，其应用包括追踪自动售货机的存货和机器状态、检测铁轨的损耗、基于安全帽或救生衣的应急情况监测等。

4. NeuroMesh

2017 年 2 月，源自 MIT 的 NeuroMesh 物联网安全平台获得了 MIT100K Accelerate 竞赛的亚军。该平台致力于成为“物联网疫苗”，能够检测和消除物联网中的有害程序，并将攻击源打入黑名单。

所有运行 NeuroMesh 软件的物联网设备都通过访问区块链账本来识别其他节点和辨认潜在威胁。如果一个设备借助深度学习功能检测出可能的威胁，可通过发起投票的形式告知全网，由网络进一步对该威胁进行检测并做出处理。

4.5 跨境支付

1. 传统跨境支付

跨境支付涉及多种币种，存在汇率问题，传统跨境支付非常依赖于第三方机构，大致的简化模型如图 4-6 所示，存在着以下两个问题。

（1）流程烦琐，结算周期长。传统跨境支付基本都是非实时的，银行日终进行交易的批量处理，通常一笔交易需要 24 小时以上才能完成；某些银行的跨境支付看起来是实时的，但实际上，是收款银行基于汇款银行的信用做了一定额度的垫付，在日终再进行资金清算和对账，业务处理速度慢。

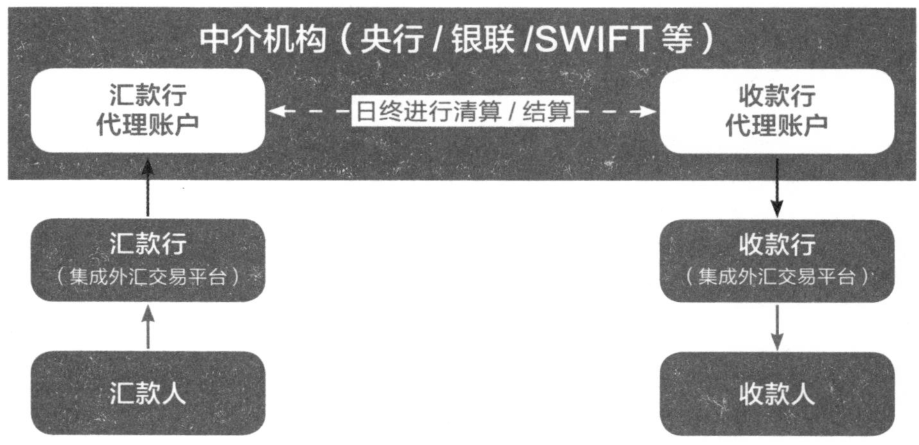

图 4-6 传统跨界支付简化模型

（2）手续费高。传统跨境支付模式存在大量人工对账操作，加之依赖第三方机构，导致手续费居高不下，麦肯锡《2016 全球支付》报告数据显示，通过代理行模式完成一笔跨境支付的平均成本为 25 ～ 35 美元。

2. 区块链跨境支付

这些问题的存在，很大原因还是信息不对称，没有建立有效的信任机制。

如图 4-7 所示，区块链的引入，解决了跨境支付信息不对称的问题，并建立起一定程度的信任机制，带来了两大好处。

（1）效率提高，费用降低。接入区块链技术后，通过公私钥技术，保证数据的可靠性，再通过加密技术和去中心，达到数据不可篡改的目的，最后，通过 P2P 技术，实现点对点的结算；省去了传统中心转发，提高了效率，降低了成本，也为普及跨境小额支付提供了可能。

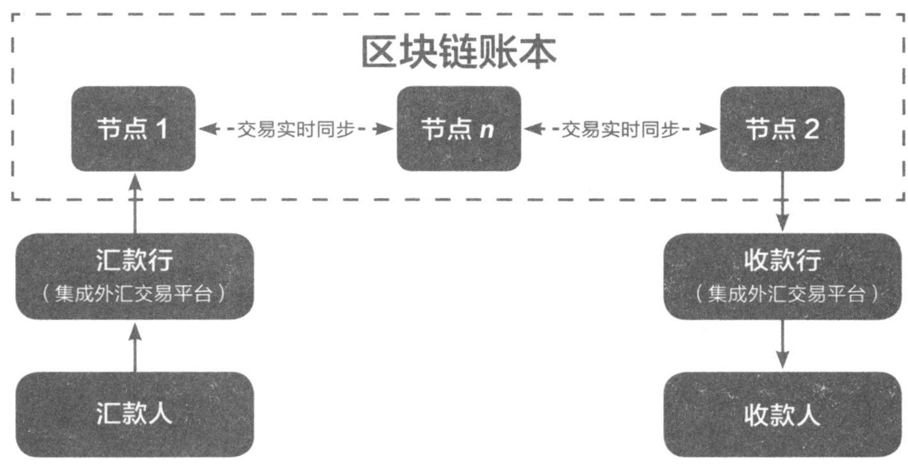

图 4-7　区块链跨境支付简化模型

（2）可追溯，符合监管需求。传统的点对点结算不能大规模应用，除了信任问题，还存在监管漏洞（点对点私下交易，存在洗黑钱的风险），而区块链的交易透明，信息公开，交易记录永久保存，实现了可追溯，符合监管的需求。

3. 应用案例

2019 年，美国金融服务机构摩根大通推出了加密货币 JPMCoin，以美元 1 比 1 兑换的方式，用于实现银行或国家间的大额支付、机构客户之间即时的交易清算结算。

摩根大通这一举措，被加密货币避险基金 Prime Factor Capital 联合创始人称为“华尔街的第一颗炸弹”。

区块链实际上触及的是人类交易的本质、信用和确权。区块链技术继信息重构之后要实现价值重构，最先渗透的行业，便是与信用、交易密切相关的金融业。

其中最具代表性的，便是区块链技术在跨境支付领域的应用，解决了国际银行间交易、对账、清算等重大难题。

除了摩根大通等传统金融机构外，国内已有不少互联网巨头、创业公司也看中区块链技术在跨境支付的潜力，并已开始提前布局。

4.6 资源共享

当前，以 Uber、Airbnb 为代表的共享经济模式正在多个垂直领域冲击传统行业。这一模式鼓励人们通过互联网的方式共享闲置资源。资源共享目前面临的主要问题包括以下 3 项。

（1）共享过程成本过高；

（2）用户行为评价难；

（3）共享服务管理难。

区块链技术为解决上述问题提供了更多可能。相比于依赖中间方的资源共享模式，基于区块链的模式有潜力更直接地连接资源的供给方和需求方，其透明、不可篡改的特性有助于减小摩擦。

有人认为区块链技术会成为新一代共享经济的基石。笔者认为，区块链在资源共享领域是否存在价值，还要看能否比传统的专业供应者或中间方形式实现更高的效率和更低的成本，同时不能损害用户体验。

具体应用场景如下。

1. 短租共享

大量提供短租服务的公司已经开始尝试用区块链来解决共享中的难题。高盛在报告 *Blockchain：Putting Theory into Practice* 中宣称：Airbnb 等 P2P 住宿平台已经开始通过利用私人住所打造公开市场来变革住宿行业，但是这种服务的接受程度可能会因人们对人身安全以及财产损失的担忧而受到限制。而如果通过引入安全且无法篡改的数字化资质和信用管理系统，我们认为区块链就能有助于提升 P2P 住宿的接受度。

该报告还指出，可能采用区块链技术的企业包括 Airbnb、HomeAway 以及 OneFineStay 等，市场规模为 30 亿～ 90 亿美元。

2. 社区能源共享

在纽约布鲁克林的一个街区，已有项目尝试将家庭太阳能发的电通过社区的电力网络直接进行买卖。具体的交易不再经过电网公司，而是通过区块链执行。与之类似，ConsenSys 和微电网开发商 LO3 提出共建光伏发电交易网络，实现点对点的能源交易。

这些方案的难题主要包括以下 4 项。

（1）太阳能电池管理；

（2）社区电网构建；

（3）电力储备系统搭建；

（4）低成本交易系统支持。

现在已经有大量创业团队在解决这些问题，特别是硬件部分已经有了不少解决方案。而通过区块链技术打造的平台可以解决最后一个问题，即低成本地实现社区内的可靠交易系统。

3. 电商平台

传统情况下，电商平台起到了中介的作用。一旦买卖双方发生纠纷，电商平台会作为第三方机构进行仲裁。这种模式存在着周期长、缺乏公证、成本高等缺点。OpenBazaar 是一个结合了 ebay 与 BitTorrentt 特点的去中心化商品交易市场，使用比特币进行交易，既没有费用，也不用担心受到审查。因此相对于易趣与亚马逊这些提供中心化服务的电子商务平台，通过

OpenBazz不需要支付高额费用、不需要担心平台收集个人信息致使个人信息泄露或被转卖用作其他用途。他们试图在无中介的情形下，实现安全电商交易。

具体地，OpenBazaar提供的分布式电商平台，通过多方签名机制和信誉评分机制，让众多参与者合作进行评估，实现零成本解决纠纷问题。

4. 大数据共享

大数据时代里，价值来自于对数据的挖掘，数据维度越多，体积越大，潜在价值也就越高。

一直以来，比较让人头疼的问题是如何评估数据的价值，如何利用数据进行交换和交易，以及如何避免宝贵的数据在未经许可的情况下泄露出去。区块链技术为解决这些问题提供了潜在的可能。

利用共同记录的共享账本，数据在多方之间的流动将得到实时的追踪和管理。通过对敏感信息的脱敏处理和访问权限的设定，区块链可以对大数据的共享授权进行精细化管控，规范和促进大数据的交易与流通。

传统的资源共享平台在遇到经济纠纷时会充当调解和仲裁者的角色。对于区块链共享平台，目前还存在线下复杂交易难以数字化等问题。除了引入信誉评分、多方评估等机制，也有方案提出引入保险机制来对冲风险。

2016年7月，德勤、Stratumn和LemonWay共同推出一个为共享经济场景设计的“微保险”概念平台，称为LenderBot。针对共享经济活动中临时交换资产可能产生的风险，LenderBot允许用户在区块链上注册定制的微保险，并为共享的资产（如相机、手机、电脑）投保。区块链在其中扮演了可信第三方和条款执行者的角色。

4.7 数字货币

说到区块链，不得不提及代币，因区块链脱胎于比特币，天生具有代币的属性，目前区块链最成功的应用也正是比特币。

1. 传统货币存在的问题

传统的货币发行权掌握在国家手中，存在着货币滥发的风险。我国自1271年建立元朝后，四处征战，消耗了大量的钱财和粮食，为了财政问题，长期滥发货币，造成严重通货膨胀，多数百姓生活在水深火热中，导致流民四起，国家大乱。1368年，不可一世的元朝走向了灭亡。

1980年津巴布韦独立，后因土改失败，经济崩溃，政府入不敷出，开始印钞。2001年，100津巴布韦币可兑换约1美元；2009年1月，津央行发行100万亿面值新津元加速货币崩溃，最终津元被废弃，改用“美元化”货币政策。2017年津巴布韦发生政变，总统穆加贝被赶下台。

传统的记账权掌握在一个中心化的中介机构手中，存在中介系统瘫痪、中介违约、中介欺瞒、甚至是中介耍赖等风险。

2013年3月，塞浦路斯为获得救助，对银行储户进行一次性征税约58亿欧元，向不低于10万欧元的存款一次性征税9.9%，向低于10万欧元的一次性征税6.75%。

2017年4月，民生银行30亿假理财事件暴露，系一支行行长伪造保本保息理财产品所致，超过150名投资者被套。

2. 区块链如何解决这些问题

以比特币为例，比特币解决了货币在发行和记账环节的信任问题，我们来看一下比特币是如何一一破解以上问题的。

（1）滥发问题。比特币的获取只能通过挖矿获得，且比特币总量为 2100 万个，在发行环节解决了货币滥发的问题。

（2）账本修改问题。比特币的交易记录通过链式存储和去中心化的全球节点构成网络来解决账本修改问题。

链式存储可以简单理解为：存储记录的块是一块连着一块的，形成一个链条（见图 4-8）；除第一个块的其他所有区块都记录了包含前一区块的校验信息，改变任一区块的信息，都将导致后续区块校验出错。因为这种关联性，中间也无法插入其他块，所以修改已有记录是困难的。

而去中心化节点可以简单理解为：全球的中心节点都是平等的，都拥有一模一样的账本，所以，任一节点出现问题都不影响账本记录。而要修改账本，必须修改超过全球一半的节点才能完成；而这在目前看来几乎不可能。既然账本无法修改，那要是记账的时候作弊呢？首先，比特币的每条交易记录是有私钥签名的，别人伪造不了这个记录。你能修改的仅仅是自己发起的交易记录。

（3）关于记账权问题。比特币的记账权，通过工作量证明获得，可以简单理解为：通过算法确定同一时刻，全球只有一个节点获得了记账权，基本规律是谁拥有的计算资源越多，谁获得记账权的概率越大，只有超过全网一半的算力，才可能实现双花。

以区块链技术为基础的数字货币的出现，对货币的研究和实践都提出了新的启发，被认为有可能促使这一领域发生革命性变化。

除了众所周知的比特币等数字货币实验之外，还有诸多金融机构进行了有意义的尝试，尤其是各国进行的法定数字货币研究，具备越来越多的实践意义。

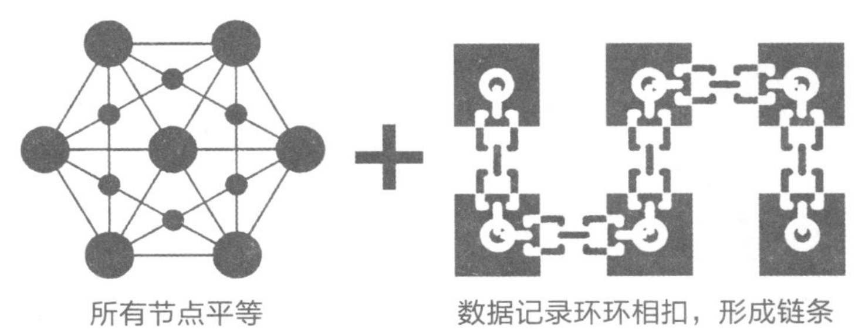

图 4-8　去中心化节点 + 链式存储结构

3. 应用案例

（1）中国人民银行投入区块链研究。2016 年，中国人民银行（又称“央行”）对外发布消息，称深入研究了数字货币涉及的相关技术，包括区块链技术、移动支付、可信可控云计算、密码算法、安全芯片等，被认为积极关注区块链技术的发展。

实际上，央行对于区块链技术的研究很早便已开展。

2014 年，央行成立发行数字货币的专门研究小组对基于区块链的数字货币进行研究，次年形成研究报告。

2016 年初，央行专门组织了“数字货币研讨会”，邀请了业内的区块链技术专家就数字货币发行的总体框架、演进以及国家加密货币等话题进行了研讨。会后，央行发布对我国银行业数字货币的战略性发展思路，提出要早日发行数字货币，并利用数字货币相关技术来打击金融犯罪活动。

2016 年 12 月，央行成立数字货币研究所。初步公开设计为“由央行主导，在保持实物现金发行的同时发行以加密算法为基础的数字货币，M0（流通中的现金）的一部分由数字货币构成。为充分保障数字货币的安全性，发行者可采用安全芯片为载体来保护密钥和算法运算过程的安全”。

2018 年 7 月，央行数字货币研究所在联合国国际电信联盟（ITU）会议上发表了关于法定数字货币双层架构的主题演讲。

当前，央行很可能采用联盟形式，由中央银行与国家系统重要性金融机构来共同维护分布式账本系统，直接发行和管理数字货币，作为流通现金的一种形式。一旦实施，将对现有的支付清算体系，特别是商业银行产生重大影响。数字货币由于其电子属性，在发行和防伪方面成本都优于已有的纸质货币。另外，相对信用卡等支付手段，数字现金很难被盗用，大大降低了管理成本。同时也要注意到由银行发行数字货币在匿名程度、点对点直接支付、利息计算等方面仍有待商榷。

（2）加拿大银行提出新的数字货币。2016 年 6 月，加拿大央行公开正在开发基于区块链技术的数字版加拿大元（名称为 CAD 币），以允许用户使用加元来兑换该数字货币。经过验证的对手方将会处理货币交易，另外，如果需要，银行将保留销毁 CAD 币的权利。

发行 CAD 币是更大的一个探索型科技项目 Jasper 的一部分。除了加拿大央行外，据悉，蒙特利尔银行、加拿大帝国商业银行、加拿大皇家银行、加拿大丰业银行、多伦多道明银行等多家机构也都参与了该项目。Jasper 项目的目标是希望评估分布式账本技术对金融基础设施的变革潜力。通过在大额支付系统的概念验证，认为在基于分布式账本的金融基础设施中应重视监管能力；另外，虽然分布式支付系统并不能降低运营风险，但在与更广泛的金融基础设施进行合作互动时，有助于实现规模效益，实现全行业的效率提升。

（3）英国央行实现 RSCoin。英国央行（英格兰银行）在数字货币方面进展十分突出，已经实现了基于分布式账本平台的数字货币原型系统——RSCoin。旨在强化本国经济及国际贸易。

RSCoin 的目标是提供一个由中央银行控制的、可扩展的数字货币，采用了中央银行－商业银行双层链架构、改进版的两阶段提交（Two Phase Commitment），以及多链之间的交叉验证机制。该货币由中央银行发行，交易机构维护底层账本，并定期提交给中央银行。因为该系统主要是央行和下属银行之间使用，通过提前建立一定的信任基础和采用分片机制，可以提供较好的处理性能（单记账机构可以达到每秒 2 000 笔）。RSCoin 理论上可以作为面向全社会的支付手段，但技术和监管细节上需要进一步完善。

英国央行对 RSCoin 进行了推广，希望能尽快普及该数字货币，以带来节约经济成本、促进经济发展的效果。同时，英国央行认为，数字货币相对传统货币更适合国际贸易等场景，同时理论上具备成为各国货币兑换媒介的潜力。

4.8 其它场景

区块链还有一些很有趣的应用场景，包括但不限于云存储、医疗、社交、游戏等多方面。

1. 云存储

Storj 项目提供了基于区块链的安全的分布式云存储服务。服务保证只有用户自己能看到自己的数据，并号称提供高速的下载速度和 99.999 99% 的高可用性。用户还可以“出租”自己的额外硬盘空间来获得报酬。

协议设计上，Storj 网络中的节点可以传递数据、验证远端数据的完整性和可用性、复原数据，以及商议合约和向其他节点付费。数据的安全性由数据分片（Data Sharding）和端到端加密提供，数据的完整性由可复原性证明（Proof of Retrievability）提供。

2. 医疗

医院与医保医药公司、不同医院之间，甚至医院里不同部门之间的数据流动性往往很差。考虑到医疗健康数据的敏感性，笔者认为，如果能够满足数据访问权、使用权等规定的基础上促进医疗数据的提取和流动，健康大数据行业将迎来春天。

目前，全球范围内的个人数据市场估值每年在 2 000 亿美金左右。GemHealth 项目由区块链公司 Gem 于 2016 年 4 月提出，其目标除了用区块链存储医疗记录或数据外，还包括借助区块链增强医疗健康数据在不同机构不同部门间的安全可转移性、促进全球病人身份识别、医疗设备数据安全收集与验证等。项目已与医疗行业多家公司签订了合作协议。

Hu.Manity 是一家创业公司，提供健康数据的匿名出售服务。用户可以选择售卖个人健康数据，但这些数据会消除掉个人的隐私信息。

麻省理工学院媒体实验室也在建立一个医疗数据的共享系统，允许病人自行选择分享哪些数据给医疗机构。

3. 通信和社交

Bit Message 是一套去中心化通信系统，在点对点通信的基础上保护用户的匿名性和隐私。Bit Message 协议在设计上充分参考了比特币，二者拥有相似的地址编码机制和消息传递机制。Bit Message 也用工作量证明（Proof-of-Work）机制防止通信网络受到大量垃圾信息的冲击。

类似的，Twister 是一套去中心化的“微博”系统，Dot-Bit 是一套去中心化的 DNS 系统。

4. 投票

Follow My Vote 项目致力于提供一个安全、透明的在线投票系统。通过使用该系统进行选举投票，投票者可以随时检查自己选票的存在和正确性，看到实时计票结果，并在改变主意时修改选票。

该项目使用区块链进行计票，并开源其软件代码供社区用户审核。项目也为投票人身份认证、防止重复投票、投票隐私等难点问题提供了解决方案。

5. 在线音乐

UJO 音乐平台通过使用智能合约来创建一个透明的、去中心化的版权和版权所有者数据库来进行音乐版权税费的自动支付。

6. 预测

Augur是一个运行在以太坊上的预测市场平台。使用Augur，来自全球不同地方的任何人都可发起自己的预测话题市场，或随意加入其它市场，来预测一些事件的发展结果。预测结果和奖金结算由智能合约严格控制，使得在平台上博弈的用户不用为安全性产生担忧。

7. 电子游戏

2017年3月，来自马来西亚的电子游戏工作室Xhai Studios宣布将区块链技术引入其电子游戏平台。工作室旗下的一些游戏将支持与NEM区块链的代币XEM整合。通过这一平台，游戏开发者可以在游戏架构中直接调用支付功能，消除对第三方支付的依赖；玩家则可以自由地将XEM和游戏内货币、点数等进行双向兑换。

8. 存证

TODO：展开解释存证或版权案例“纸贵版权”引入公证处、版权局、知名高校作为版权存证联盟链的存证和监管节点，所有上链的版权存证信息都会经过多个节点的验证和监管，保证任何时刻均可出具国家承认的公证证明，具有最高司法效力。同时，通过在公证处部署联盟链存证节点服务器，存证主体即可视为公证处。在遭遇侵权行为时，区块链版权登记证书可作为证据证明版权归属，得到法院的采信。

2018年12月22日，北京互联网法院“天平链”正式发布。该区块链平台融合了司法鉴定中心、公证处、行业机构等，三个月时间内发展到17个节点，采集数据超过一百万条。这些存证数据有望提高电子诉讼的采证效率。

当然，任何事物的发展都不是一帆风顺的。目前来看，制约区块链技术进一步落地的因素有很多。比如如何来为区块链上的合同担保？特别在金融、法律等领域，实际执行的时候往往还需要线下机制来配合；另外就是基于区块链系统的价值交易，必须要实现物品价值的数字化，非数字化的物品很难直接放到数字世界中进行管理。

这些问题看起来都不容易很快得到解决。但笔者相信，一门新的技术能否站住脚，根本上还是看它能否最终提高生产力，而区块链技术已经证明了这一点。随着生态的进一步成熟，区块链技术必将在更多领域有用武之地。

第 5 章

区块链的发展前景

历经十载，区块链技术已呈迅猛发展之势，并在多个行业领域内进行尝试，比如金融、供应链、物联网、知识产权保护、食品药品追溯等。从区块链平台的发展来看，目前已经有比特币、以太坊、EOS、HyperLedger 等多个公共区块链开发与应用平台，它们为快速开发与部署区块链提供了一个方便与快捷的基础。据 2019 年底统计，在以太坊应用平台上，目前已经具有 2 667 个应用，部署的智能合约数量超过 4 200 个，已经构筑了一个强大的区块链分布式应用生态体系。

2018 年是区块链由盛转衰的一年。有一件事业内已经达成“共识”：对区块链的大肆宣传已经结束。2018 年，加密货币市场的总价值损失超过 80%。此外，政府加强了对加密货币交易、ICO 和其他活动的监管，甚至禁止，给链圈的信心蒙上了阴影。

但根据 2019 年的情况来看，区块链不仅没有熄火，还成为人工智能和物联网等新兴技术的融合载体，是未来几年信息产业最具潜力和商业价值的领域。

毫无疑问，国内区块链仍处于发展的萌芽阶段，可能需要 5 ～ 10 年甚至更长时间才能达到更成熟的阶段。然而，从中国目前的发展状况来看，这并不妨碍价值投资者对区块链寄予厚望。对于首席信息官、技术决策者和区块链的其他利益爱好者或利益相关者来说，2020 年区块链的发展趋势值得密切关注。

5.1 区块链技术前景与风险防范

区块链技术未来发展前景如何？又该怎么防范潜在风险？

有学者表示，区块链技术看上去很美好，但要推动大规模应用还需完善技术，找准应用场景，解决工程实施等现实难题。在区块链的一些应用中，每一个参与者都能够获得完整的数据备份，即所有交易数据都是公开和透明的，因此信息隐私如何保障，也是区块链发展需应对的课题。

“只有不断加强基础技术理论的研究和突破，区块链才能安全、可靠、持续地发展与应用；只有不断完善基础支撑设施，区块链应用的落地才能真正遍地开花。”中钞区块链技术研究院院长张一锋说。他表示，区块链属于新兴的交叉信息技术，推动区块链技术创新和落地，一方面需加强相关基础技术理论的研究，例如与区块链性能和安全相关的共识算法、与数据隐私相关的零知识证明等密码算法；另一方面需加快完善基础支撑设施的建设，如区块链行业公共网络、分布式数字身份体系等。

北京大学新一代信息技术研究院金融科技研究中心主任董宁说：“加快推动区块链技术和产业创新发展，要重视区块链技术的标准并加以推广。随着产业应用的推广，各国不仅非常重视技术标准、专利及其他知识产权，也更为重视区块链在各个领域应用标准的价值和意义。因此，建议在区块链技术产业落地过程中，能有更多的企业参与行业应用标准化研究，进而形成国家和国际标准，提升我国在该领域国际话语权和规则制定权。”

我国在发展区块链技术的同时，要重视区块链可能引发的一些潜在风险。吴震举例说，一些不法分子利用区块链概念，发行空气币、传销币等；此外，区块链通常与数字资产有关，这个领域一直是黑客攻击的重灾区，对于区块链的技术安全需要高度重视，要加强对区块链技术的引导和规范，加强对区块链安全风险的研究和分析。探索建立适应区块链技术机制的安全保障体系，推动区块链安全有序发展。

5.2 区块链面临的挑战

伴随着区块链的快速发展，社会各行各业纷纷对其表现出浓厚兴趣，但是，区块链的真正价值并没有完全发挥出来，它还面临着一些挑战，这些挑战有来自于科技方面的，也有来自于相关政策与法律方面的。

1. 有限的可扩展性

要想真正实现区块链的“可信”，就必须做到整个网络的共识，而要在全网范围内达成共识势必影响到交易吞吐量。因此，这导致区块链面临一个重大挑战——可扩展性问题。打造一个可扩展的中心化网络并非难事，难的是实现可扩展性、非中心化和安全性三方面的完美组合。在区块链领域，一直都存在着一个所谓的“不可能三角”，对于传统的中心化系统，通过增加更多的服务器可以实现扩展，在非中心化世界中，人们不得不面临非中心化、安全性与高效率之间的权衡。

区块链可扩展性不可能三角（Scalability Trilemma）是指区块链系统一般只能实现非中心化、安全性和可扩展性中的两个属性。想要显著提升可扩展性，则必然要在安全性和非中心化上有所舍弃。

目前区块链的交易吞吐量都较低，BTC 区块大小的上限为 1MB，每 10 分钟左右产生一个区块，相比于 BTC，ETH 的出块间隔缩短到了 15 秒，但是却存在“区块 GasLimit”（区块燃料限制），也就是说，ETH 在有限的时间内（15 秒）只能处理有限的交易。这些数据和很多网商平台每秒百万以上的交易量相比，实在是过于渺小。所以，如何在“可信”的前提下解决区块链可扩展性问题，对于区块链技术而言仍是一项挑战。

2. 缺乏互操作性

在过去的几年中，区块链技术集成在许多行业中都有所增加。因此，全世界有数百个不同的区块链网络在运行。但是，在大多数情况下，这些区块链中的大多数都无法以有效利用企业解决方案的方式相互通信。根据世界经济论坛（WEF）的数据，当前的区块链互操作性水平对于这些实施来说仍然太低。

根据 WEF 的发现，区块链互操作性问题已主要在公共区块链的背景下解决。然而，私有或所谓的许可区块链（permissioned blockchain）却被抛在一边。在该报告中，WEF 概述了大多数互操作性解决方案都集中在两个主要的公共区块链上——比特币（BTC）和以太坊（ETH），而与许可区块链平台有关的开发活动则非常少。

WEF 写道：“在公共区块链中，互操作性已经发展了很多年，例如跨链、侧链、代理代币等。然而，具有企业级许可的区块链之间的互操作性存在更大的挑战同时也是更大的机会。”

3. 监管问题

区块链技术实际上还处在技术研究阶段，距大规模的实际应用还有相当长的时间。区块链发展需要解决的另一大问题是监管。众所周知，区块链技术诞生于一群崇尚自由主义的“密码朋克”中。而区块链最成功的应用就是比特币，比特币的诞生从某种程度上来说是带有“原罪”的。在过去几年的发展中，比特币被广泛应用于“暗网”，成为洗钱和非法交易的途径，也被作为资助恐怖分子和反叛者的工具。同时，基于区块链的 ICO 被一些组织恶意利用，成为金融欺诈的手段。站在这个角度来说，合理合规监管体系是区块链技术融入现实世界中必须面临的挑战。

5.3 智能时代需要区块链

进入智能时代，当机器一个接一个模仿甚至超越人类行为与思维能力时，我们不得不思考这个问题：人类存在的意义是什么？当计算机取代了人类的脑力劳动时，我们还有什么价值可不被替代？而区块链技术就为人类提供了一个可能的解决方案。这个世界需要人工智能，但是我们可以随时通过区块链技术去跟踪和评估它的进展情况。

5.3.1 人类的独特性及其面临的挑战

面对人工智能，人们往往持有下述两种观点：一种观点认为，人类远比机器人聪明、强大。机器及其衍生产品终将是人类的一种工具，只能服务于人类，不会构成任何威胁。相应地，另一种观点认为，人工智能将会超越人类。他们认为人虽然是一种复杂的生物，但总会被彻底研究。但是机器却不同，在漫长的发展过程中，机器变得越发复杂，而它的极限在哪里还未可知。因此，人工智能的复杂性和完整性在未来某天必然会超越人类，人类必须时刻保持高度警惕。

从阿尔法围棋（AlphaGo）到阿尔法零（Alpha Zero），机器已经证明，它们不仅可以超越人类，还可以在一定思考的基础之上，总结经验，无需任何外力帮助，赢得世界冠军。在那个时候，大部分专业人士都认为，在一段时间内，围棋机器不可能超越人类。然而，围棋虽然有固定的规则，且它的状态空间非常复杂，但是计算机却能在很短的时间内完全计算出来。这意味着目前机器学习的深度、计算能力和现有算法已经可以在一定程度上模拟人脑。

形势看似极为严峻，但是我们不必过分悲观，因为人与机器之间存在着本质的区别，这是人类自身进化的结果。为了阐明这一观点，我们可以从认知陷阱和自我与意识的起源来解释。

人之所以是万物之灵，是因为人类拥有敏锐的触觉，这使我们在成长过程中能够感受到更多的外部刺激，从而产生极强的自我意识。然而，机器却不具备这样的触觉，它们的意识无法靠自身获取，只能靠人类赋予。因此，机器被认为是人类意识的投射。

以家用小电器为例，人们给它们安装上发条、螺丝、电磁圈等结构，赋予其能量来源和传递关系，并有意识地将各种配件组装在一起，使其具备预约、定时等功能，这个整体是人类创造的，而不是自然产物。然而，即使有人类赋予的功能，这些电器本身也只是拥有一些意识片段的工具而已，意识本身之间没有相互作用。因此，人类具备的自我意识，在机器这里是无法复制的。人类通过自我意识对不同的意识片段进行修复整合，消除受损部分。而机器的某个组件一旦出现问题，整个设备就会罢工。

当然，机器的发展是未知的，比如阿尔法狗（AlphaGo），它是所有人类技术和文明的投影，它具有直接和间接参与者的意识。事实上，它的主程序可以被认为是一个很弱的自我意识，只是这个主程序无法对子程序进行检查，或者重新设计和修复。当然，即使未来的机器能够自我修复并具有强大的管理能力，我们仍然相信人是有价值的。人类从起源至今，具有独立的意识和对先进文明的追求，而这些内容就是人类自身价值的体现。

摩尔定律指出，硬件的发展在 18 个月内使芯片的容量翻了一番，而据统计，人工智能的计算能力现在在 3.5 个月内翻了一番。虽然计算能力本身并不意味着人工智能的能力，但它仍然可以显示人工智能进化的速度有多可怕。人工智能的增长不是线性外推，而是指数加速。

我们可能不会立即遇到机器有自我意识和反抗人类的危险，但是我们可能已经创造了一个非常偏执的机器。即使我们希望机器为人们服务，我们也可能会出错。这不是机器有意识的反抗。它只需要失去控制的某一方面就能对人造成深刻的伤害，因为它的速度和力量比人类强得多。这是即将到来的危险。

5.3.2 区块链技术是未来的必要选择

这个世界需要人工智能，我们可以随时通过区块链技术去跟踪和评估它的进展情况。他们可能正在做着对社会有益的事情，但过程中有可能会出错。如果通过区块链技术去跟踪并记录，同时公之于众，作为旁观者就能迅速发现问题并尽早采取措施予以改进。现有的区块链技术正是承担这一录制任务的良好平台。

区块链技术具有不被篡改的特点。我们可以记录用户的行为，这可能会对我们的道德价值产生一些影响。如果我们想表扬一个好的行为或惩罚一个坏的行为，如果预先告知，就会有人为了得到表扬进行虚假的善举。如果有区块链技术，既然所有的数据都不能改变，那么值得表扬或者需要惩罚的行为就不需要事先声明，而是在事后的某个阶段来执行，这在一定程度上也可以约束人们的不良行为。当然，并不是所有的事情都需要记录下来。连锁数据的重要性不在于它的万能，而在于它的完整性。

许多人认为区块链的数据是不可更改的，但是如果一开始记录的数据是错误的呢？事实上，我们可以假设这些链接的数据是错误的，但是随着时间的推移，这个人仍然需要写足够的东西来证明之前写的数据是真的。完成这个过程极其困难，甚至弊大于利，最好在开始就诚实地把真实情况记录下来。拥有足够长、真实和经过检验的历史记录是很有价值的。

我们在传统社会中的讨论、立法或伦理都是为了达成共识。而实际上，达成共识并不是一件容易的事情，由于个人因素，每个人的想法与期望都是不同的。在人工智能时代，没有那么多时间让我们慢慢达成共识，所以我们需要代币（Token）来帮助我们快速设定价格。首先是小范围的定价，然后是定价和对外交流，形成较大的共识。在未来的世界里，社会的复杂性将大大增加，证明个人的真实性和可靠性将变得越来越困难，但它也将变得越来越重要。现有技术可以让脸变假（美丽的图片）和声音变假（颤抖）。当人工智能在未来变得流行时，一切都可以重新定义。

在情报时代，只有少数可靠的人需要工作，如果你想证明自己是一个合格并且值得信任的人，只需利用区块链技术去记录你过去的言行，这样别人就可以从历史记录中推断你是否可信。当你被发现值得信任，资源就会给予合理分配，而不是在投资前经过复杂的测试和调查。在当前的智能时代，传统的投资选择方法已经开始出现资金枯竭。区块链技术将成为智能时代的必需品。

5.4 区块链技术对社会的意义

从历史角度看，区块链的意义是什么?

区块链真的会颠覆公司制度吗?

区块链时代如何布局?

区块链技术是一场社会革命，浪潮席卷全球，重新定义所有人、所有组织之间的协作关系。过往对区块链的讨论太集中于技术细节或者具体应用场景，技术让人看得似懂非懂，场景感觉天花乱坠。

我们从革命的角度来理解区块链技术对人类社会的意义。

1. 人类的文明史是一部去中心化的历史

从历史角度看区块链，人类的历史是去中心化的历史，从君主制到共和制，从计划经济到市场经济都是去中心化的历史。

2. 市场经济是一份智能合约

政治哲学的鼻祖托马斯·霍布斯写的利维坦就是鼓吹君主制。臣民向君主效忠，君主负责维持秩序。但很快人们发现他们并不需要君主，君主其实就是一个中介，供养一个挥霍无度的君主中介费太高，共和政府同样可以维持秩序，并且社会契约论就类似智能合约，防止统治者胡来。

托克维尔写的《论美国的民主》很好地阐述了美国就是一个区块链国家，在美国的乡镇，看不到政府官员，都是社区自治。

这种结构非常类似去中心化自治组织（Decentralized Autonomous

Organization，DAO），美国的独立战争从区块链角度理解就是去中心化，不再受英王的盘剥，也没有弄出个“美王”来。

而区块链是要把公司这个中心给取代掉。公司制度和区块链协议相比是一种落后的生产关系。

3. 区块链协议会取代资本家，实现共产主义

如果说君主制是要让皇帝的利益最大化，那么公司制度就是要让股东的利益最大化，其代价是劳动者接受更低的工资和消费者支付更高的价格。

股权即皇权，创始人一旦创业成功都是终身制、家族制（除非出售股权），一直源源不断地向市场吸金。

而区块链协议更像总统制，创始人干成之后就可以退了。类比中本聪和华盛顿，都属于事了拂衣去，深藏功与名，把利益还给大众，而不是据为己有，代代相传。

而现在公司制下的创始人，更像是唐宗宋祖，打江山坐江山，垄断市场，这么多影响大众的业务被一家家巨头垄断。

如果说计划经济是国家垄断，那么市场经济在公司制度的背景下活生生地演变为寡头垄断。而区块链是要通过市场经济自由竞争，挤掉私有制巨头，实现天下为公。

通过自由竞争来实现一个更加公平的社会，左右两派都十分满意，所以说区块链相比于公司制度是更先进的生产关系。

接下来用一个具体的例子来阐述区块链是如何挤掉公司的。

像 Uber、AirBnB 这样的业务，本质上是信息中介，帮助撮合乘客和司机，租客和房东。现实是由中心化的公司来管理这些信息和数据，公司从交易额中抽取 20% 的手续费。但是信息的管理和撮合完全可以用区块链协议来实现。

区块链协议没有股东，非盈利导向，没有业绩增长的压力，从而实现低手续费，让租客和房东都获益。核心原因是去掉了营利性导向的公司。Uber的股东收益来源就是中介费的不断上涨。

区块链协议打击了公司股份制，把原本被股东吃掉的利润还给了乘客、司机、房东、租客。同时，由于区块链数据是开源的，学者和研究机构可以免费获取，为社会做贡献，不必屈身加入巨头，为股东做贡献。

区块链抢夺巨头们的业务，用户的数据不再是巨头们的私有财产，而是全社会共享（当然用户隐私数据会加密），极大地发挥了数据应有的价值。

人工智能和区块链会有怎样的碰撞？工人的价值是提供劳动，资本家的价值是资源整合、组织协调。如果说人工智能让大公司资本家大幅自动化生产力，取代工人，扩大贫富差距，那么区块链能自动化资源整合的过程，取代资本家，缩小贫富差距。

人工智能是让资本家绕过工人，直接对接消费者，从而压低成本、扩大利润。而区块链是让工人绕过资本家，直接对接消费者，从而消灭剥削，提高收入。当然，随着人工智能和区块链的同时发展，最终资本家和工人一起下岗。

4. 区块链时代如何布局

许多被动投资的践行者，往往杠杆重仓纳斯达克指数和标普500指数基金。其中的逻辑是：好公司最后都会被纳入到指数里面，公司会倒闭，但指数不会。那么投资指数就能享受经济成长和科技发展的红利。

纳斯达克指数三倍杠杆在2017年涨了118%，2018年虽然经历了股灾，但依然有21.9%的收益。指数流动性强，容量大，能避开个股风险，不花时间，所以越来越多的投资者都在买入并持有指数，连巴菲特都推荐标普500。

但有个前提，就是公司制度不受挑战，区块链的诞生摧毁了这个前提。当上市公司业务被区块链颠覆，新的产品和服务以社区形式呈现而不是通过股份制公司，股市也就被抽干了。摧毁了公司制度，就是摧毁了传统的资本市场。

与互联网思维相对应的是区块链思维，互联网公司开启了 .com 时代，区块链开源社区开启了 .org 时代。

5.5 我国发展区块链的优势

作为新兴技术，全球主要国家都在加快布局区块链技术。研究机构 IDC 数据显示，2022 年全球在区块链解决方案上的支出将达到 124 亿美元。

那么，我国推进区块链技术有什么优势？专家表示，我国企业在全球区块链技术领域具有一定的竞争力。在 2019 年上半年全球区块链企业发明专利排行榜中，在前 100 名的企业中，中国企业占 67%，且专利排名前十的区块链企业中，中国企业有 7 家。

我国政府也比较关注区块链技术的发展。2016 年 12 月，国务院发布的《“十三五”国家信息化规划》提出，加强区块链等新技术基础研发和前沿布局。这是区块链首次被作为战略性前沿技术列入规划，此后一些地方也出台推动区块链产业的专项政策，布局区块链产业。

在李林看来，区块链技术的战略价值在于，有望助力数字经济更公平、更有效率，并有望成为下一代数字经济的重要组成部分。

“区块链技术可以实现数据互信、价值互通和权益共享，从而推动数字经济发展。”李林说，比如人们可以在没有第三方中心机构和信用机构的情况下，通过区块链技术，提高互信，降低协作成本，同时在区块链上对劳动进行智能分配，就可能帮助人们权益共享，进而在数字经济时代实现更公平、更合理的分配。

5.6 区块链未来的发展趋势

由于加密货币和 ICO 的拖累，区块链声誉受损。许多企业对区块链持怀疑态度，不愿意采用这项技术，仅仅因为它与加密货币，尤其是比特币有太多联系。

区块链工业在 2019 年努力恢复了其应有的形象，并将区块链从加密货币中分离出来，为区块链的大规模应用铺平道路。

我们还将看到术语的变化。我们甚至预测，区块链这个术语将逐渐被另一个更中性的术语取代，如分布式分类账技术（DLT）。这将向企业内的区块链计划实施团队发出一个明确的信号，即他们的项目与加密货币和 ICO 无关。一旦切割的概念得到广泛认可，区块链将被更广泛地采用。

区块链工业面临的一个挑战是解决所谓的三个难题（可扩展性、中和性和安全性之间的不平衡）。尽管对现有的区块链项目进行了大肆宣传和巨额投资，但这项技术的巨大潜力基本上没有实现。三大技术难题已经成为区块链进入区块链主流应用的最大瓶颈。

区块链行业为解决这三个难题做了大量工作。大量的技术原型已经被开发出来，甚至被开发出来以克服现有体系结构中的主要缺点。预计技术突破将加快区块链的交易处理速度，同时保持安全和权力下放。这使得开发人员能够构建解决实际业务挑战的应用程序，而侧链等扩展解决方案已经显示出了希望。随着我们进入 2020 年，这些解决方案将变得越来越复杂。预计可扩展性和性能方面的真正突破将开始实现，区块链的三个难题将在两到三年内得到解决。

1. 区块链的应用将更加贴近生活

区块链的发展伴随着金融的发展，如跨境支付、数字票据、信贷管理、资产证券化、供应链金融、保险数据保存等。感觉好像它总是在世界之巅。然而，目前的区块链技术将更接近实际生活应用。未来，区块链将应用于游戏、医疗保健、物联网、供应链管理、能源管理、知识产权管理、网络安全、教育、投票选举、汽车和住宅资产租赁、预测、云存储、体育管理、政府公共记录、零售、慈善、人力资源、公司治理、信用记录和先进制造等领域。

2. 提高区块链的可见度

未来，我们将看到越来越多的新项目和新平台出现。开发人员及其创新项目将通过创建突破性的概念验证以及构建和实施产品用例，继续推进区块链功能。我们希望看到区块链在供应链、身份、透明度和治理领域的真正价值。几个“爆炸性”区块链项目的出现将极大地提高整个行业的知名度，也将极大地激发企业对区块链技术的兴趣。

因此，随着越来越多的企业寻求实施更集中化的区块链应用程序，未来将会出现一系列广泛而引人注目的特定用例和真实应用程序。

3. 区块链的完美只是时间问题

虽然区块链有许多优势，但仍有困难需要克服，如算法实施、竞争性技术挑战和政策限制。然而，任何行业的发展都会经历一段痛苦的时期。模型建立后，区块链将进入一个更加有利的阶段。目前，世界正积极参与区块链的研发，区块链的真正价值在未来得以实现只是时间问题。

区块链技术连接不同地方的多个节点。区块链的节点通过点对点通信协议进行交互。在通信协议一致的情况下，不同的开发人员可以使用不同的编程语言和所有节点的不同版本来处理不同的节点。

总而言之，当一个节点遇到网络问题、硬件故障、软件错误或被黑客控制时，它不会影响其他参与节点和系统的运行。因此，与传统技术相比，区块链更可靠。笔者坚信区块链的应用一定是未来的发展趋势。目前，区块链的应用也越来越受欢迎，相信每个人都会对区块链充满信心。

第 6 章

区块链常见问题解读

1. 比特币的数字签名是什么？

比特币有一套密码规则，是一段防伪造的字符串，用来解锁和管理货币交易。比特币中数字签名本身不具有完整性，容易导致可伸缩性攻击。

比特币的数字签名，是在比特币转账过程中由转出人生成的一段防伪造字符串。验证该字符串，不仅能证明该交易是转出人发起的，还能证明交易信息在传输中没有被更改。数字签名由数字摘要和非对称加密技术组成：首先，通过数字摘要技术把交易信息缩短成固定长度的字符串；然后，用自己的私钥对摘要进行加密，形成数字签名；接着，将完整交易信息和数字签名一起广播给矿工，矿工用公钥进行验证，若验证成功，则说明该笔交易确实是对方发出的，且信息未被更改。

非对称加密技术是指，数字签名加密的私钥和解密的公钥不一致。这个过程看起来很复杂，其实在转账过程中只需要输入私钥就能瞬间完成。

比特币既不是数字货币，也不是一段信息，只是一个庞大的信息化链条式的账本，这个账本由无数比特币交易账单组成。每段交易代码里都标明了比特币的交易数额。

账本大致是这样运行的：当 A 同学决定把 1 个比特币付给 B 同学时，他会从自己的比特币钱包中选一个或几个“输入”，将交易信息签名，再广播到比特币网络；网络中的其他一些交易与 Coinbase 交易构成一个区块，代表计算机算力的网络矿工对区块内各比特币交易数字的签名有效性进行验证；

正确后进行确认，矿工获得 Coinbase 交易输出的比特币奖励，交易代码输出正常，接收者收到比特币。

2. 什么是密码朋克？

中本聪的比特币白皮书最早发布于“密码朋克”。

说到“密码朋克”，首先就要提到加密技术。直到 20 世纪 70 年代，加密技术仍然仅限于军事和情报领域。但是，随着后来两本出版物的出版，这项技术在公共领域得到了广泛使用：一本是美国国家标准局（NBS）于 1976 年公布的《数据加密术标准》，这些标准直到现在仍被广泛使用；另一本是惠特菲尔德·迪菲和马丁·赫尔曼的《新密码技术指南》，主要讲解了密码技术，可以说是介绍相关内容的第一部公共出版物。

1991 年，美国人菲利普·希默曼开发出一个加密产品，这个产品可以使用户安全地存储文件以及在 BBS 上发表信息，这些电子文档不会遭到泄露与篡改。菲利普·希默曼找到公钥和对称密钥加密方法之间的均衡点，也就是今天的 PGP（Prety Good Privacy）。

1992 年，曾任英特尔（Intel）的高级科学家和电子工程师的蒂莫西·梅，在他加州的家中，敲下了最后一行代码，随即 crypto 匿名邮件列表横空出世。1 400 个极客们得以聚在一起匿名交流、写作，在无人监管之地，自由地表达着自己的想法。这些人后来都成为密码朋克组织的一员。

1993 年，埃里克·休斯在《密码朋克宣言》中第一次使用了“密码朋克”这个词。《密码朋克宣言》讲道：“在电子信息时代，个人隐私在开放的社会中是必需品。我们不能依靠政府、公司或其他组织来保护我们的隐私权，我们必须自己来保护，必须做一个软件来保护个人隐私，我们计划开发这样一个软件。”

随后，他和一些人共同创建了“密码朋克邮件名单”加密电子邮件系统。这些人很多都是IT精英，如维基解密的创始人阿桑奇，BT下载的作者布拉师，科恩、万维网发明者蒂姆·伯纳斯，脸书的创始人之一肖恩·帕克。在密码朋克的组织中，还有一个我们异常熟悉的人——中本聪。虽然邮件组中，没有任何关于中本聪的评价，但中本聪确实是这个组织中的后起之秀。后来的故事大家都知道了，比特币产生了，包含密码学、分布式存储等技术的区块链以一种极其迅速的姿态席卷全球。

3. 比特币交易的步骤

发起一笔比特币转账后，要将交易广播到全网，挖矿节点接到这笔交易后，先将其放入本地内存池进行基本验证，比如该笔交易费的比特币是否是未被花费的交易。若验证成功，就要将其放入“未确认交易池”，等待被打包；若验证失败，该交易就会被标记为“无效交易”，不会被打包。也就是说，挖矿节点不仅要比拼算力，还要及时验证每笔交易，更新自己的“未确认交易池”。节点会从“未确认交易池”中抽取近千笔“未确认交易”进行打包。有时交易无法被及时打包，是因为“未确认交易池”中的交易笔数太多，而各区块能记录的交易笔数有限，因此很容易造成区块拥堵。

那么，比特币矿工什么时候停止打包交易？是否会出现交易不一致或交易遗漏的情况？其实，10分钟是系统找到一个有效交易链块所需的平均时间。在挖矿激励下，不断验证发生的交易会产生新区块，如果来不及验证，就要排队等待；如果想提高被验证的优先级，就需要支付更多的手续费。

区块产生机制决定了打包交易不一致和矿工选择性验证是不可能的。因为规则是固定的，不按照这个规则挖矿，就会产生一条不被认可的分叉：无法获得奖励，就没人选择，毕竟挖矿成本很高。

4. 区块链中的存储市场是什么?

客户通过向矿工支付代币可以对数据进行存储。客户向存储市场的订单簿发起投标（通过向区块链提交订单），就启动了 PUT 协议。当有匹配的矿工应答时，客户就可以将数据片段发送给矿工。双方签署交易订单，并将其发送到存储市场的订单簿。客户应当能够通过提交多重订单（或者在订单中指定复制扇区）来决定数据的拷贝数量。更高的冗余度可以提高储存的容错率。

5. 建立区块链信用系统的步骤

在区块链中是没有第三方的，这样也减少了更多的信用危机，交易的双方也是因为信任才会建立起关系，并且数据是存储在链上的，这样也是保障信用机制不被打破，区块链技术所基于的分布式共享账本原理，对于信用制度构建的外延和内涵具有跨时代意义的突破。

俗称的挖矿过程，其实也是一个建立全网矿工共享总账的过程。从这个意义上来说，矿工更本质的职能是“记账员”个人记个人的账，但是全网公开。

中本聪在其比特币白皮书中比较详尽地叙述了这个信用系统建立的过程。

第一步：每一笔交易都是为了让全网承认有效，必须广播给每一节点。

第二步: 每个矿工节点要正确无误地给这10分钟的每笔交易盖上时间戳，并且记入该区块。

第三步：每个矿工节点都要通过解决 SHA256 难题，来竞争这个 10 分钟区块的合法记账权，并争取得到 25 个比特币的奖励（前四年是每 10 分钟 50 个比特币，每四年递减一半）。

第四步：如果一矿工节点解开了这 10 分钟的 SHA256 难题，就要向全网公布自己这10分钟区块记录的所有盖时间戳交易，并由全网其他矿工节点核对。

第五步：全网其他矿工节点核对该区块记账的正确性，若正确无误，就会竞争下一区块，继而形成一个合法记账的区块单链，也就是比特币支付系统的总账——区块链。

通常，每笔交易都要经过六次区块确认，也就是要经过6个10分钟记账，才能最终在区块链上被承认，这样的速度很难去做流通应用，所以，比特币就是这样一个账单系统，所有者用私钥进行电子签名并支付给下一个所有者，然后由全网的“矿工”签时间戳记账，形成区块链。

6. 区块链转账支付流程

在不同的区块链系统中，每笔转账都要构建一笔交易数据，比较繁杂，为了使价值便于组合与分割，比特币的交易就被设计为可以纳入多个输入输出，即一笔交易可以转账给多个人。其具体要经过以下5个步骤。

第一步：生成交易指令，用户提交订单。当前所有者利用私钥对前一次交易和下一位所有者签署一个数字签名，将此签名附在这个货币末尾，制作成交易单。

第二步：传播交易信息。当前所有者将交易单广播到全网，各节点将收到的交易纳入一个区块中。订单系统将支付请求提交到区块链支付系统上的任意一个节点，则此时，该节点构成接收节点。区块链对所述支付请求进行验证后，将通过验证的支付请求通过共识算法成块，由此，所述支付请求被记录到区块链上。

第三步：工作量证明获取。各节点通过相当于解一道数学题的工作量证明机制，获得创建新区块的权力，争取得到数字货币的奖励。大家得到的指令是同时的，而每个节点由于机器工作效率，随机的破解难度不同，最终只会有一人胜出。

第四步：验证通过，即整个网络节点的验证。当一节点有解时，所有节点自动转向其他信息，同时向全网广播该区块记录的所有盖时间戳的交易，并由全网其他节点进行核对和确认拥有该笔奖励。

第五步：记录到区块链。全网其他节点核对该区块记账的正确性，确认正确无误后，在该合法区块后竞争下一个区块，形成一个合法记账的区块链。

7. 区块链节点用户转账收费

人们经常在银行间进行转账，银行间转账手续费一般是按照转账金额的一定比例收取。比如，跨行转账手续费为1%～5%，异地转账的手续费为0.1%～1%；而跨国转账，不仅要支付以上手续费，每笔还要支付50～200元的电报费。

区块链本身是全球化的，没有跨国的概念，区块链资产之间的转账手续费与具体的转账金额大小无关，按字节收费。以比特币转账为例，一笔普通交易约占250字节，手续费为0.001～0.001 5个比特币（20～30元），如果要在一笔交易中同时转账给多个比特币地址，交易所占字节数会更大。所以，只有多付一些手续费，才会有矿工及时打包用户的交易。即便如此，从转账成本来看，用区块链进行跨国转账还是有很大的优势。

8. 矿池

当前，整个行业挖矿类型大致可以分为单体矿机挖矿、简单集群挖矿和“云算力”挖矿等三种类型。

在市场表现良好的情况下，云算力挖矿和单体矿机挖矿、简单集群挖矿同一单位成本，前者收益会远远超过后者，占据着绝对优势，不仅收益稳定，还降低了不确定性，唯一的不足就是挖矿服务商的前期准备需要高额的成本。

但是伴随着参与人数的骤然增多，全网的算力不断上涨，单个设备或少量算力都很难再挖到币了。这时候，就出现了矿池。矿池是比特币等 P2P 密码学虚拟货币开采所必需的基础设施，也就是云算力挖矿。

云算力挖矿首先需要有集群架构，集群架构分层处理，可分为计算层、网络层、存储层、应用层。硬件实行专业的分工，利用软件实现网络、存储等达到最优配置，优化特定的挖矿算法，不断提高收益。它的优势在于，基础硬件配置下限高于官方公示挖矿配置上限，还有专业的存储服务器、计算服务器、加速服务器、交换机等。同时，机房、带宽、电力、驻场运维因规模化效应具备较大的溢价能力，与此同时，分层治理较为灵活，能够快速迭代，超强容错。

当然，上面只是对矿池的基本原理和性质进行简单的描述，实际情况非常复杂。矿池是一个全自动的开采平台，即矿机接入矿池→提供算力→获得收益。矿池挖矿产生的比特币奖励，会按照各矿工的算力贡献占比进行分配。相较单独挖矿，加入矿池，则可以获得更加稳定的收益。

9. 分布式存储有哪些商业应用场景？

在未来，分布式存储的商业价值无限，因为其具备广阔的应用场景：

（1）可挂载个人同步的文件夹，可以自动进行版本管理，自动备份；也就意味着未来将拥有无限空间网盘，不用担心数据丢失及隐私泄露。

（2）可作为加密文件和数据共享系统。

（3）可作为带版本控制的软件包管理系统。

（4）可作为虚拟机的根文件系统。利用管理程序，把 IPFS 作为虚拟机的引导文件系统、在线操作系统。

（5）可作为数据库，可做到自动备份，永不丢失，安全加密，无限空间，高速连接。

（6）可作为加密通信平台，窃听、窃取的事情将不复存在。

（7）作为加密 CDN，将会为现在的腾讯云 CDN、阿里云 CDN 等服务提供一套革新的模式。

10. 分布式存储挖矿市场引发哪些方面的博弈？

这是个在 2020 年很热的话题，我们知道分布式存储网络和比特币挖矿不同。比特币是通过计算能力（暴力数学运算）来进行挖矿，分布式存储则是通过有效存储能力来挖矿，前者是资源消耗型，后者是资源循环利用。

在分布式存储网络挖矿主要经历两个阶段，一个阶段是数据价值小于出块价值，另一个阶段是数据价值大于出块价值。数据价值小于出块价值阶段，主要是挖矿初期，因为分布式存储网络需要通证刺激基础设施完备，并且有价值的数据不能短时间沉淀在分布式存储网络中。通俗地说，大家面临着巨额的收益，就会一哄而上，专注挖矿，先挑肥拣瘦，这是人性。理论上，大家都可以不作恶，存储有价数据，不用负担大的成本都可以获得这些收益，倡导增加自己的存储能力，间接地增加爆块率，存储本来就可成为再利用资源，但逐利让存储变成了消耗资源。

无论怎么说，在前期挖矿博弈的过程中，总会有成功者和失败者，成功者是那些博弈过程中给自己留有余地的矿工，这些矿工早期存储了大量的有价信息，有价信息给矿工带来了均衡成本的收益，包括存储收益和检索收益；失败者则是那些原本就没有实力还大量存储垃圾数据，让存储资源彻底成为消耗资源的矿工，这个博弈过程在很短的时间内即会淘汰后者，失败者甚至连硬件成本都无法收回。

当分布式存储网络过渡到数据价值大于出块价值的时候，这个网络才算真正有潜力帮助分布式存储取代 HTTP 协议，因为收益主要来自于存储收益和检索收益而不是出块收益，矿工更在意的是存储数据本身所带来的价值，同时会出现另一种情况，那就是我们发现大众闲置的数据空间存储量增大了，随之而来的是矿工收益也提高了，这种结果才是社会需要的。

区块链系统的激励机制，让所有的矿工为获得奖励而参与博弈，挖矿过程是一个博弈过程，不是投入成本高就一定能收益颇丰。

11. 竞争记账

竞争记账是比特币系统的记账方式，解决了如何在去中心化的记账系统中保证比特币账本一致性的问题。比特币系统中没有中心化的记账机构，每一节点都有记账权，所以如何保证账本一致性是个重要问题。

在比特币网络中，全网矿工共同参与算力竞争，算力高的矿工，计算能力更强，更容易获得记账权。成功抢到记账权的矿工负责记账，还要将账本信息同步给整个网络。作为回报，该矿工能获得系统新生成的比特币奖励。比如，身边有一座金山，总量为 1 000 吨，但里面夹杂着很多沙石。当只有一个用户时，这个用户就很容易挖到金子。如果挖矿的人越来越多，剩余的金子就会越来越少，挖矿成本也会越来越高。因此，这时候大家比的就是挖矿速度，也就是算力。

随着比特币价格的不断上涨，为了获得比特币，越来越多的人参与竞争比特币的记账权，使得全网算力难度呈指数级上升。

12. 场内交易

与点对点交易、挖矿等投资方式比较起来，目前场内交易是获得区块链资产最主流的方式。在整个交易期间，比特币由第三方平台进行托管，卖方确定收到用户的支付宝付款后，平台就会把比特币释放给他。区块链资产的场内交易跟股票类似，由平台帮忙撮合，用户不知道也不需要知道交易的对手是谁，有可能是一个人，也可能是很多人。无论是买入还是卖出，交易平台都会记录所有人的挂单价格，通过实时买卖盘，买卖双方就能获取最新交易价格。同时，交易平台会将历史成交价格和成交量汇总成K线图，方便投资者分析行情走势。

13. 区别冷钱包和热钱包

冷钱包和热钱包是按照私钥的存储方式来划分的。

（1）冷钱包。冷钱包的“冷”即离线、断网，也就是说私钥存储的位置不能被网络所访问（无论是否对私钥进行了加密），既有在“冷”电脑上存储私钥的钱包如Armory，也有在“冷”手机上存放私钥的钱包，如比太冷钱包，还有将私钥打印或手抄在纸张上的纸钱包，以及设计专门硬件来单独存储私钥的硬件钱包。

需要特别说明的是，Trezor的私钥备份如同存储在专门网站上，严格意义上讲，这并不是冷钱包。冷钱包通常意味着私钥与交易的分离，如果用户要监控和花费上面的比特币资产，就需要使用额外的辅助手段。无论这种手段是去中心化的还是中心化的，都不影响“冷”这个本质。

比如，如果要花费Amory冷钱包上的比特币，就要通过U盘复制文件的方式在冷、热钱包间通信；如果要花费比太冷钱包上的比特币，则要在比太冷热钱包间通过扫描二维码来完成交易的签名和发布；对于纸钱包来说，可能需要将私钥导入其他钱包，再开始使用。不过在完成私钥导入后，该私钥就可能不再是“冷”的了。

（2）热钱包。热钱包的“热”即联网，也就是私钥存储在能被网络访问的位置，比如在“热”电脑上存储私钥的Bitcoin-core等，在“热”手机上存储私钥的Bitcoin-Wallet和比太热钱包，以及在网站上存储加密后私钥的Blockchain.info等在线钱包。虽然这些钱包的技术实现方式有很大不同，会导致安全性和易用性上的差异，但从私钥的存储方式上来看，它们都属于热钱包。

从安全角度来看，冷优于热；但从易用的角度来看，热优于冷。究竟该如何选择钱包？用户需要自己在易用与安全之间寻找平衡，来选择满足自己需求的比特币钱包。

14. 区块链的共识机制

区块链的底层一共由四部分构成：一是分布式的数据库，用来存储以往和将来的交易数据；二是密码学的公、私密钥体系，用来确认交易双方的身份；三是P2P网络，用来广播各类消息；四是共识机制，用来决定节点记账权力。在区块链中，共识机制占据着重要的地位，决定着谁有记账权力、记账权力的选择过程和理由。

如果说共识是区块链的基础，那么共识机制就是区块链的灵魂。所谓共识机制，就是在一个时间段内对事物的前后顺序达成共识的一种算法。1998年，密码学专家戴伟发明了匿名的、分布式的电子加密货币系统B-money，实现了点对点的交易和不可更改的交易记录。虽然密码学占据了区块链的半壁江山，但共识机制是保障区块链系统不断运行下去的关键。

共识机制是达成共识的依据，使得去中心化体系能够维护同一账本。区块链的伟大之处就在于：在去中心化的思想上，它的共识机制解决了节点间互相信任的问题。区块链之所以能够在众多节点达到一种较为平衡的状态，就是因为共识机制。

共识机制就像法律一样，维系着区块链世界的正常运转。在区块链上，每个人都会获得一份记录链上所有交易的账本，产生一笔新的交易时，每个人收到该信息的时间都不一样，居心不良的人就会发布一些错误信息，因此就需要把所有人接收到的信息进行验证，公布正确的结果。

去中心化的共识机制是如何实现的？在去中心化的结构体系中，各参与方的地位都是平等的，出现分歧时，如何达成共识也就成了一个重要问题。试想：如果你和同学、老师、校长之间的地位是平等的，在报名环节就最有可能和同学、老师、校长共同商议具体细节。这种协商后达成的规则，就叫作共识机制。

15. 工作量证明（POW）机制

工作量证明（Proof of Work, POW），简而言之就是一份证明，用来确认你做过一定量的工作。

对工作的整个过程进行检测，一般都是非常低效的。而通过对工作结果进行认证来证明完成了相应的工作量，则是一种高效的方式。比特币的工作量证明，是挖矿所做的主要工作。正如现实生活中的毕业证、驾驶证等，也是通过检验后所取得的证明。

工作量证明系统或协议、函数，由辛西亚·沃克（Cynthia Dwork）和莫尼·奥尔（Moni Naor）于1993年在学术论文中首次提出，是一种应对拒绝服务攻击和其他服务滥用的经济对策。发起者要进行一定量的运算，需要消耗计算机一定的时间。之后，这个名词在1999年被正式提出。

哈希现金是一种工作量证明机制，由亚当·贝克在1997年发明，主要用于抵抗邮件的拒绝服务攻击及垃圾邮件网关滥用。在比特币之前，哈希现金主要被用于垃圾邮件的过滤，也被微软用于hotmail、exchange、outlook

等产品中，还被哈尔·芬尼以可重复使用的工作量证明形式用于比特币之前的加密货币实验中。另外，戴伟的电子货币、尼克·萨博的比特金等比特币先行者，都是在哈希现金的框架下挖矿的。

工作量证明系统的主要特征是，客户端要做一定难度的工作得出一个结果，验证方很容易通过结果检查出客户端是否做了相应的工作。这种方案的一个核心特征是不对称性，即工作对于请求方是适中的，对于验证方是易于验证的。

工作量证明机制与验证码不同，验证码设计的出发点是易于被人类解决而不易被计算机解决。举个例子，给定的一个基本字符串“Hello,world!”我们给出的工作量要求是：可以在该字符串后添加个叫 nonce 的整数值，对变更后的字符串进行 SHA256 哈希运算，如果得到的哈希结果以“0000”开头，则验证通过。为了达到这个工作量证明目标，就要不停地递增 nonce 值，对得到的新字符串进行 SHA256 哈希运算。按照这个规则，要经过 4251 次计算，才能找到恰好前 4 位为 0 的哈希散列。

就工作量证明的过程来说，可以把比特币矿工解这道工作量证明谜题的步骤大致归纳如下：生成 Coinbase 交易，并与其他所有准备打包进区块的交易组成交易列表：通过 Merkle Tree 算法生成 Merkle Root Hash，把 Merkle Root Hash 及其他字段组装成区块头，将区块头的 80 字节数据作为工作量证明输入；不断更改区块头中的随机数；对每次变更后的区块头做双重 SHA36 运算，将结果值与当前网络的目标值进行比较，如果小于目标值，则解题成功，工作量证明完成。

16. 权益证明（POS）机制

权益证明（Proof of Stake, POS）机制也属于一种共识证明，它类似股权凭证和投票系统，因此也叫“股权证明算法”，由持股最多的人来公示最终信息。该机制是由一个化名阳光国王的极客于2012年8月推出的，采用工作量证明机制发行新币，采用权益证明机制维护网络安全，首次将权益证明机制引入密码学货币。

在权益证明机制下，矿工都可以挖到数据块，不用使用任何矿池导致出块集中；同时，只有持有PPC的人，才能进行挖矿，参与网络安全的维护，不会出现利益错位等问题。

权益证明机制是目前最好的维护网络安全的方案，从根本上解决了工作量证明机制在维护网络安全方面的先天不足。

首先，在权益证明机制下，集中挖矿能力进行网络攻击，比获得算力困难得多。通过算力攻击比特币，大约需要2亿美元。比特币是权益证明机制，维护网络安全，即使要买入10%的比特币，也需要6亿美元。而且，买入如此多的比特币，比特币的价格必然会大幅上涨，实际成本要远高于6亿美元。比特币如果再减半几次，权益证明机制所带来的安全性就会高于工作量证明机制100倍以上。

其次，只有持有货币才能进行权益证明的挖矿，不存在利益错位的问题，只有持有PPC，才能威胁到网络安全，如果用户同时持有PPC的空头仓位，对网络造成威胁，导致价格下跌，同样无法获利，不过是进行了对冲而已。

最后，权益证明机制维护网络安全的成本远低于工作量证明机制。PPC权益证明机制的挖矿奖励，只要年化1%，就能带来极高的安全性。目前，比特币的通胀率是13%，其安全性并不比PPC高。

PPC带来的权益证明机制日趋完善，赢得了市场的广泛支持，为了维护网络安全，到2014年几乎所有的新币都引入了权益证明机制。很多纯工作量证明机制的老币也纷纷修改协议，“硬分叉”升级为权益证明机制。所有的这一切都说明，权益证明机制正在成为市场主流，在维护网络安全方面完全有可能取代工作量证明机制。

工作量证明会带来一定的能源消耗和其他缺陷，越来越多的区块链项目抛弃了过去单一的工作量证明，实行“工作量证明机制 + 权益证明机制”的混合共识机制。

目前，引入权益证明机制的虚拟币主要有两类：一类是“工作量证明机制 + 权益证明机制”，通过工作量证明机制铸造新币，通过权益证明机制维护网络安全；另一类是通过 IP0 方式发行新币，再通过权益证明机制来维护网络安全。比较起来，前一类机制不仅是最完美的，也是未来密码学货币领域的主要模式。

17. 股份授权证明（DPOS）机制

股份授权证明（Delegated Proof of Stake, DPOS）机制又称受托人机制，是一种全新的保障加密货币网络安全的算法。DPOS 会给持股人一把能够开启所持股份对应的表决权钥匙，可以实现持股人盈利的最大化、维护网络安全费用的最小化、网络效能的最大化、运行网络成本（带宽、CPU 等）的最小化。

DPOS 的原理是：让每个持有比特股的人进行投票，由此产生 101 位代表，也就是 101 个超级节点或矿池，彼此的权利是完全相等的。DPOS 类似于议会制度或人民代表大会制度，如果代表不履行他们的职责，就会被除名，网络会选出新的超级节点来取代他们。DPOS 的出现得益于矿机的产生。

18. 哈希算法

先举个例子。生活在世上的每个人，为了参与各种社会活动，都要设定一个识别自己的标志。名字或身份证虽然能证明你这个人，但这种代表性非常脆弱，因为重名的人很多，身份证还能伪造。最可靠的办法就是，将个人的所有基因序列记录下来，但这样做并不实际；指纹看上去也不错，但代价太高。

对于在互联网世界中传送的文件来说，如何标志文件的身份同样重要。比如，下载一个文件，在文件的下载过程中会经过很多网络服务器、路由器的中转，如何保证该文件就是我们需要的呢？我们既不可能对文件一一进行检测，也不能利用文件名、文件大小等容易伪装的信息，这时就要使用类似于指纹的标志来检查文件的可靠性，这种指纹就是现在所用的哈希算法。

哈希算法，又称杂凑算法、散列算法，是一种从任意文件中创造小数字“指纹”的方法，就是以较短的信息来保证文件的唯一性，这种标志与文件的每个字节都有关系，且无法找到逆向规律。因此，一旦原有文件发生改变，其标志值也会发生改变，从而告诉文件使用者当前的文件已经不是你所需求的文件。

这种标志有何意义？上例的文件下载过程就是一个很好的例子。如今，为了提高文件的可靠性，多数网络部署和版本控制工具都在使用散列算法。同时，在使用文件系统同步、备份等工具时，使用散列算法来标志文件唯一性可以减少系统开销。

当然，作为一种指纹，哈希算法最重要的用途在于给证书、文档、密码等高安全系数的内容添加加密保护。此用途主要得益于哈希算法的不可逆，具体体现在：用户不仅无法根据段通过散列算法得到的指纹来获得原有文件，也不可能简单地创造一个文件并让它的指纹与段目标指纹相一致。

当前，流行的哈希算法包括 MD5、SHA-I 和 SHA-2。

（1）MD5。MD5 是 Rivest 于 1991 年对 MD4 的改进版本。MD4（RFC1320）由麻省理工学院的罗纳德·L. 里德斯在 1990 年设计，MD 是 Message Digest 的缩写，输出为 128 位。MD4 不够安全，MD5 对输入以 512 位进行分组，输出 128 位。MD5 比 MD4 复杂一些，计算速度慢一点，但是更安全。

（2）SHA-1。SHA（Secure Hash Algorithm）是一个哈希函数族，由美国国家标准与技术研究院（National Institute of Standards and Technology,NIST）于 1993 年发布第一个算法。1995 年知名的 SHA-1 面世，输出长度为 160 位的哈希值，抗穷举性更好。设计 SHA-1 时，使用的原理跟 MD4 相同，还模仿了该算法。

（3）SHA-2。为了提高安全性，美国国家标准与技术研究院设计出了 SHA-224、SHA-256、SHA-384 和 SHA-512 算法等，统称为 SHA-2，跟 SHA-1 算法原理类似。

一个优秀的哈希算法能够实现这些目标：一是正向快速。只要给定明文和哈希算法，就能在有限时间和有限资源内计算出哈希值。二是逆向困难。只要给定（若干）哈希值，在有限时间内基本不可能逆推出明文。三是输入敏感。原始输入信息只要修改一点内容，产生的哈希值就会有很大不同。四是避免冲突。对于任意两个不同的数据块，其哈希值相同的可能性极小；对于一个给定的数据块，找到跟它的哈希值相同的数据块非常困难。可是，在不同的使用场景中，对某些特点会有所侧重。

19. 区块链为什么要扩容?

在比特币诞生之初，中本聪并没有特意限制区块的大小，区块最大可以达到 32MB。当时，平均每个区块大小为 1KB ~ 2KB。有人认为，区块链上限过高，容易造成计算资源的浪费，引发 DDOS 攻击。因此，为了保证比特币系统的安全性和稳定性，中本聪临时将区块大小限制在 1MB。那时，比特币用户数量非常少，交易量也不大，不会造成区块拥堵。但随着比特币价格的不断飙升，用户越来越多，比特币网络拥堵、交易费用上升等问题逐渐出现，为了给比特币“扩容”，比特币社区展开了探索，修改比特币底层代码，达到提高交易处理能力的目的。

之所以要进行区块链扩容，主要就是为了让每个人都享有比特币系统带来的巨大便利和优势。

20. 区块链应用新领域里的分布式存储和 HTTP 的不同点

分布式存储往往采用分布式的系统结构，利用多台存储服务器分担存储负荷，利用位置服务器定位存储信息。它不但提高了系统的可靠性、可用性和存取效率，还易于扩展，将通用硬件引入的不稳定因素降到最低。其优点如上传和下载速度快；存储过程中能够对一条信息进行十万份级的切割，并分布存储，以此抵御黑客高强度的饱和攻击；网页永不丢失，永不篡改；等等。

目前的 HTTP 协议被大企业垄断，集团化非常严重，价格昂贵，而分布式存储协议应用要优惠得多；目前的 HTTP 里的带宽浪费也很大，闲置资源很多，即使在空置期使用者也需要付费；HTTP 经过多年的发展，在互联网的世界里已经形成过于中心化的趋势，分布式存储的区块链技术本身构建的就是弱中心化；两者在信息存储技术上也有效果差别，前者永久保存而后者保持的时间比较短；分布式存储采用的是 P2P 技术，目前 HTTP 强烈依赖主干网；分布式存储采用区块链技术，防范安全攻击网络的安全性极强，HTTP 的中心化和现行世界里黑客泛滥，攻击事件每时每刻都在发生，被网络安全问题长久困扰；分布式存储在协议运行时，信息会高速传输完美存储，不怕断网，而 HTTP 协议的传输里网络通畅是第一要素，一旦断网都无法实现。

随着分布式存储的发展，存储行业的标准化进程也不断推进，分布式存储优先采用行业标准接口（SMI-S 或 OpenStack Cinder）进行存储接入。在平台层面，通过将异构存储资源进行抽象化，将传统的存储设备级的操作封装成面向存储资源的操作，从而简化异构存储基础架构的操作，以实现存储资源的集中管理，并能够自动执行创建、变更、回收等整个存储生命周期流程。基于异构存储整合的功能，用户可以实现跨不同品牌、介质地实现容灾，如用中低端阵列为高端阵列容灾，用不同磁盘阵列为闪存阵列容灾，等等，从侧面降低了存储采购和管理成本。

21.FIL 收益来源的“三正一负”

Filecoin（简称 FIL 币）是一种加密货币或数字资产，作为 IPFS 分布式存储网络上的激励层，用于支付 IPFS 分布式网络的使用费用。

Filecoin 的收益主要是由“三正一负”构成。“三正”是，你提供存储空间，会获得存储费用；你提供检索服务、带宽，会获得检索费用；你打包了区块，会获得区块的奖励。“一负”是你在提供存储的过程中，需要去抵押代币。

22. 分布式存储里的经济体系是什么样的？

分布式存储的经济体系设计为通缩模型，跟比特币类似，具有一定的储存价值。它的存储市场和检索市场近似一个充分竞争的市场经济体系。分布式存储自带有价值市场，代币又具有很强的流通价值。在该模型中，代币的存储价值与流通价值并不矛盾，经济最终会抹平收益之间的差异。在这里，分布式存储里的存储和检索的用户瞄定的是法币，并不是代币。代币在这里只是起中介作用。所以代币价值的波动会通过矿工的价格调整被消除掉。

这是一个非常巧妙的创新型设计，在以往的区块链经济体系里并不常见。在分布式存储早期阶段，分布式存储矿工的收益主要是区块奖励，也就是挖矿。而后期存储收益和检索收益以及代币的抵押作用和收益才会逐渐高起来。

23. 分布式存储如何驱动一个可信的存储？

存储是人工智能，大数据时代，新世界的土地和房子。在数据和存储领域，意识观念上要注重的一点是，这个系统里将有真正的财富机会和世界级的科技机会，这里将是诞生新文明的土地。

在分布式存储生态里面，数据第一次可以被确权，那么它如何驱动一个可信的存储？如图6-1所示。

（1）矿工和用户。矿工可以进行挖矿对网络提供服务，用户付费使用此服务。

（2）可验证市场。矿工和用户可在存储市场与检索市场上完成数据存储，以及数据检索交易。

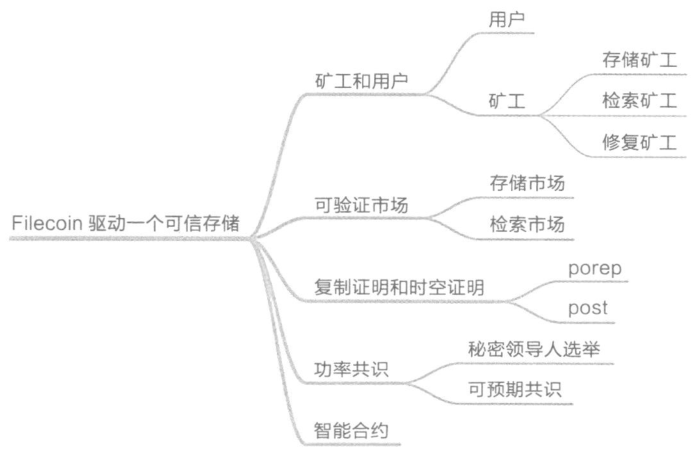

图6-1　Filecoin驱动一个可信存储

（3）复制证明和时空证明。这也是 Filecoin 最具特色的点，矿工通过向网络提供有用的工作量，来证明自己的价值。

（4）基于复制证明和时空证明基础之上的功率共识。功率共识包括秘密领导人选举和可预期共识。

（5）Filecoin 具备一定的智能合约的能力，网络的衍生功能，即扩展性。

24. 分布式互联网发展方向是什么？

互联网经过了几十年的发展和进化，随着网络规模的逐渐增大，应用的规模一直在突破人们的认知上限，例如天猫“双十一”购物节、春晚抢红包服务带来的恐怖级流量等。

互联网技术从中心化、集中式的服务逐步演变为分布式结构。分布式存储加密货币本身就是为分布式互联网和分布式存储技术设计的。

分布式存储对未来网络的发展方向更加具备适应性，属于分布式技术时代的“原住民”。

而早期参与分布式互联网的建设者或矿工收益来自于以下几方面。

（1）区块奖励：按照一定的算法进行全网线形递减释放，比特币是 4 年，FIL 的是 6 年（也有的是 3 年）。

（2）存储收费：为用户存储数据的收益（来自于用户付费）。

（3）检索收费：为用户检索数据的收益（来自于用户付费）。

（4）交易费用：交易收费、燃料费用。

分布式存储上的加密货币与其它公链系统最大的区别在于，这是一个去中心化的存储网络，在这个网络中，矿工必须首先提供可靠的数据服务，才能获取收益。通俗地说就是先买鸡，才能在这个市场里孵蛋，然后卖蛋赚钱。

25. 分布式存储挖矿对运行网络传输有怎样的要求?

分布式存储挖矿所需最好是固定的 IP 地址或静态 IP 地址与 NAT(ICE): NAT（ICE）主要是用于缓解全球 IPv4 地址不够使用的情况，IPv4 地址最多能提供 2^{32} 个 IP，那么 NAT 允许内网计算机就一个公网 IP 地址进行共享，这样虽然是可以达到节约 IP 地址的效果，但是也会导致效率相对低下。

静态 IP 有的话就会更好，但它也不是必需的。IPFS 的 P2P 网络具有非常强大的适应性，就算网络环境再复杂，均可以轻松实现 NAT 的正常通信。

IPFS 网络采用 ICE NAT traversal 框架，用于实现 NAT 通信。ICE 不是一个协议，而是一个框架（framework），用于整合 STUN&TURN 与其他类型的 NAT 协议，这个框架可以让客户端利用各种 NAT 方式打通网络，这样就能够正常完成 NAT 通信。

存储挖矿对网络速度要求并不是很高，但是不能间断与停运，也就是不能断电和关机；检索挖矿对网络传输的上行要求比较高，最好要在网络的主干道上，也就是对网速有很大的要求。

特别注意以下三点：

（1）挖矿对网络稳定性要求会高一些，一般电信的网络稳定性相较其他网络要好一些。

（2）挖矿对网络所在的位置也有一定的要求，城市体型越大，人口密度较高的中心城区是最佳的。

（3）挖矿对网络传输的数据效率一般是 10G 网络带动 1.25G 数据的吞吐量。零散或者是碎片数据的效率会相对低一些。

26. 比特币矿机和分布式存储矿机有什么区别?

分布式存储挖矿是用硬盘的空间容量，硬盘的功耗小，所以耗电量是非常小的，硬盘迭代的速度非常慢，而且二手残值相对来说还算高的。

比特币挖矿是用算力，使用的是显卡，特定的芯片，功耗高，所以耗电量非常大。

相信大家也听说过，2018 年比特币大跌，导致很多矿场主把矿机当做废铁卖了。可见比特币的矿机迭代是非常快的。

分布式存储矿机相对来说迭代速度没有比特币矿机快。相对来说，分布式存储矿机更具保值性。

用一个最通俗易懂的例子来说，传统的算力挖矿就像大家共同去解一道很难的数学题，这道数学题需要一定的计算量才能做出来，而率先得到答案的矿工就是最终的胜出者，分享最终的奖励。

而分布式存储挖矿，其实就是个人作为网络中一个节点，来获得分布式存储通证奖励。简单来说，与滴滴打车采取抢单补贴机制相似，用户下单后，车主抢单，车主抢的单量越多，获得的奖励越高。同理，存得越多，你获得的奖励也就越多。

27. 分布式存储矿机服务器的选择标准和运维有哪些？

（1）首选性价比高的，一定要货比三家，注重质量和生产效率。

（2）配置均衡：经过长期的部件搭配调整和参数优化，避免了高价值部件的空闲和计算、通信系统瓶颈。

（3）运行可靠稳定：通过大量底层优化和测试，形成了易损部件的高可靠配置和技术运维方案，最大限度地避免了停机故障。

（4）运维省心省力：远程技术支持和运维团队能够利用智能监控系统及时监测服务器和网络通信系统的运行状态，及时发现、处理软硬件故障。

建议矿机交由矿池联盟统一运维而不是自己运回去挖矿。矿池的技术工程部门更专业的服务能在很大程度上保证每天产币的稳定；常态化管理，24小时监控保驾护航，确保服务器的常态化运行。如自行在家管理，晚上出现断电断网未及时发现的话，会给自己造成一定的损失；专业的运维团队可快速处理异常，如果矿机服务器出现节点掉线等问题，自己不会处理只能咨询客服，在客服人员不能及时到场的情况下，需要客户远程配合检测，对问题的判断会有误差。与矿池长期合作，缩短维修时间，如果机器出现问题，客户自管的话需要联系客服，然后将其寄回维修，而如果是托管，会储备常用配件，可以做到及时修复。

28. 分布式存储项目发展遇到政策阻力的两个应对方法

2020 年 IPFS 主网上线在即，全球社区里对于分布式存储项目是否会遇到政策阻力表示担忧。比如矿工主要集中化问题，矿池联盟未来与创始团队是否会发生利益冲突，矿工存储了一些灰色数据并使用分布式存储系统完成内容分发，对于违背不同国家和地区法律规定的数据和内容在分布式存储网络上的管理等等。

要解决这样的问题，无非借助于两个方案：第一个是迎合监管，第二个是加强抗审查机制。

先来看看第一个方案。数据经过存储和分发涉及 3 个环节，第一个是分布式存储系统，第二个是存储矿工，第三个是应用端展示。在分布式存储系统，项目前期发展过程中官方可以保留对非法内容的审查权，然后从系统本身切断非法信息流入系统，这个相当难，主要是因为机器语言无法定义什么内容是非法内容，执行起来比较麻烦。

在存储节点这边（大节点），需要有国家规定的内容存储分发的相应资质，比如 IDC（互联网数据中心）和 CDN（内容分发）相关的许可证，在法律法规允许的前提下对内容存储和分发做出选择，只不过这种方式有可能会造成节点的损失，因为无法按照系统的既定规则为存储方提供配套服务。（没有获得相关资质的大节点可能在 Filecoin 上线的时候，其挖矿行为就会被禁止）这个对于弱中心化的区块链行业来说有过度的专权化，估计也不可行。

分布式存储和 HTTP 一样是一种协议，基于 HTTP 协议下也会有相当多的非法内容，协议层更多是一种数据传输的规则和路径，技术本身没有什么好坏之分，需要追责的是基于此协议实现的应用。应用层的监管，未来可以依靠分布式存储社区（类似于监管委员会），或者依靠技术进步催生的法律监管体系。

我们再看看第二个方案。增加分布式存储系统的抗审查性也是目前区块链世界通用的做法。增加抗审查性，可以从两个方面来考虑，一个是节点匿名性，另一个是分布式存储项目节点的分散度。其实在分布式存储系统内，节点本身就是匿名的，但是伴随着挖矿竞争激烈，挖矿节点的分散度逐渐变低（集群更有优势），节点实体所在地匿名其实是很难的，所以大节点还是要有法律法规下所需要的资质。

分布式存储项目节点要有更高的分散度。目前，备受全球爱好者关注的 FIL 节点主要在中国，这是不好的，需要更多的节点分散到其它国家，足够的分散才能更具备抗审查性，单点（或单一类节点）故障不至于影响整个系统运行。

分布式存储项目发展初期大概率会遇到政策阻力，会有大量的灰色数据从分布式存储系统、大节点、应用端等多个端口进行传播，给社会管理带来一些问题。而分布式存储仅仅是协议层，技术本身没有好坏之分，技术会催生配套的法律监管体系。随着分布式存储项目陆续上线，财富效应会显现出来，届时，整个分布式网络节点会变得极其分散，抗审查性也会变强。所以，分布式存储对于政策阻力会有多种应对方式，发展基本上不会受到影响，政策反而会为分布式存储项目发展构建一个良好的环境和起到催化剂的作用。

参考文献

[1] 熙代．区块链经济学 [M]. 北京：机械工业出版社，2019.

[2] 斯万．区块链：新经济蓝图及导读 [M]. 龚鸣，初夏虎，陶荣祺，等译．北京：新星出版社，2016.

[3] 徐明星，刘勇，段新星，等．区块链：重塑经济与世界 [M]. 北京：中信出版集团，2016.

[4] 华为区块链技术开发团队．区块链技术及应用 [M]. 北京：清华大学出版社，2019.

[5] 吴为．区块链实战 [M]. 北京：清华大学出版社，2017.

[6] 荆涛．区块链 108 问 [M]. 北京：民主与建设出版社，2019.

[7] 李亿豪．区块链 +：区块链重建新世界 [M]. 北京：中国商业出版社，2018.

[8] 张浩．一本书读懂区块链 [M]. 北京：中国商业出版社，2018.

[9] 陈丽燕．银行资管业务的区块链应用探析 [J]. 经济师，2018（1）：155，157.

[10] 郭娟．区块链技术及其在金融领域的应用前景分析 [J]. 中国商论，2018（11）：74-75.

[11] 刘峰．区块链热与企业机遇 [J]. 企业管理，2018（6）：19-21.

[12] 尹春林，杨政，刘柱揆，等．区块链关键技术及框架体系综述 [J]. 云南电力技术，2018（6）：32-38.

[13] 张亮，李楚翘．区块链经济研究进展 [J]. 经济学动态，2019（4）：114-126.

[14] 郑康．大规模采用区块链技术的巨大障碍 [J]. 计算机与网络，2019（6）：52.

[15] 高志豪．公有链和联盟链的道法术器 [J]. 金卡工程，2017（3）：35-39.

[16] 卿苏德．区块链在物联网中的应用 [J]. 智能物联技术，2019（3）：5-12.

[17] 王云，何明久．区块链与物联网的应用案例分析 [J]. 集成电路应用，2018（3）：70-74.

[18] 刘彦华 . 区块链如何改变世界 [J]. 小康，2018（25）：42-44.

[19] 何大勇，谭彦，华佳 . 金融 + 区块链：走出喧嚣 [J]. 服务外包，2019（11）：68-73.

[20] 陈思语 . 区块链应用于证券交易的法律风险及防范 [J]. 法律适用，2019（23）：60-68.

[21] 陈鹏 . 区块链技术发展现状及面临的挑战 [J]. 理论导报，2019（10）：24-26.

[22] 戈晶晶 . 区块链助力数字经济发展 [J]. 中国信息界，2019（6）：33-35.

[23] 周艾琳，沈海滨，杨剑坤 . 揭秘中国地下神秘比特币“挖矿”潮 [J]. 中国周刊（英文版），2018（9）：80-93.

[24] 王文明，施重阳，王英豪，等 . 基于区块链技术的交易及其安全性研究 [J]. 信息网络安全，2019（5）：7-15.

[25] 房卫东，张武雄，潘涛，等 . 区块链的网络安全：威胁与对策 [J]. 信息安全学报，2018（2）：91-108.

[26] 郑杰生，刘文彬 . 面向智能电网的电力需求侧隐私保护策略研究 [J]. 自动化与仪器仪表，2019（8）：148-151.

[27] 吴辉 . 读懂区块链 [J]. 理财，2019（12）：18-19.

[28] 段倩倩 . 矿机厂商没有未来 [N]. 第一财经，2019-08-06（9）.

[29] 高改芳 . 民资“挖矿”高烧不退区块链翘待应用场景 [N]. 中国证券报，2018-01-26（3）.

[30] 杨柳，胡金华，吴敏 . 区块链被点“一把火” 矿机两巨头争相趁热赴美上市 [N]. 华夏时报，2019-11-04（5）.

[31] 张均斌 . 被列入淘汰类产业虚拟货币“挖矿”何去何从 [N]. 中国青年报，2019-04-16（6）.

[32] 蔡恒进 . 智能时代为何需要区块链技术 [N]. 第一财经，2018-10-15（7）.

[33] 喻思南，王政，韩鑫 . 区块链，你了解多少 [N]. 人民日报，2019-10-30（9）.

[34] 杨绿林 . 基于改进 PBFT 算法的区块链溯源系统设计与实现 [D]. 北京：北京邮电大学，2019.

[35] 巩长青 . 区块链技术下供应链金融发展研究 [D]. 济南：山东大学，2018.

[36] 宋世昕 . 基于区块链和 IPFS 的去中心化电子存证系统的研究与实现 [D]. 北京：北京工业大学，2019.

[37] 何香黎 . 区块链技术的经济学研究 [D]. 武汉：华中师范大学，2019.

[38] 袁煜明，刘洋 . 区块链技术可扩展方案分层模型 [EB/OL]（2018-08-22）[2020-04-05].http://www.huanjing100.com/p-4476.html.